パソコン学んでe患者

岸本葉子

晶文社

カバーイラストレーション　土橋とし子
ブックデザイン　木下弥

パソコン学んでe患者
もくじ

まえがき ●●●●●●●●●●●●●●●●●●●●●●●●●●●●●●●●●●●● 8

1. 岸本葉子はサルでした ●●●●●●●●●●●●●●● 12
2. 先生を迎えて再挑戦 ●●●●●●●●●●●●●●●●● 22
3. 印刷ができた！●●●●●●●●●●●●●●●●●●●●●●● 33
4. その後の独習 ●●●●●●●●●●●●●●●●●●●●●●● 42
5. 二回目の授業 ●●●●●●●●●●●●●●●●●●●●●●● 48
6. 第一段落合格 ●●●●●●●●●●●●●●●●●●●●●●● 69

7. さらなる飛躍をめざして 81

8. ファイルがすっきり片づいた 94

9. メールの常識、非常識 103

10. 2台目を購入！ 116

11. インターネット自由自在 125

12. 病気で知った利用法 132

まえがき

　今となっては懐かしい。
　2000年6月、私はパソコンを買った。
　文書を作成し人とやりとりするのが仕事の人間にしては、たいへん遅ればせながらと言うべきだろう。
　近所の人と5人で話していて（4人は専業主婦）、私以外の全員が、パソコン使用者だった、なんてこともある。一応カタカナ職業のくせに、いちばん時代から取り残されている？
　まず機種が、なかなか決まらなかった。仕事相手の誰かれに、
「パソコン、何使ってる？　どうお？」
　昼下がりの電車の中で、しゃがんで毛づくろいしている女子高生のような、だれた調子で質問しては、
「ふーん」
　で終わり、少しも情報として頭に入らないのだった。
　何事も即断即決を旨とする私としては、めずらしい。要するに、
「個人的にはワープロで充分。別に電脳ライフを楽しもうなんて思っていないのに、何で変えなきゃいけないんだ」
　という不満が、胸の底にあって、気が乗らなかったのである。
「何で」のわけは、本文でもしつこくしつこくくり返しているが、①ワープロが生産中止になりそう、②いつまでもファックスで原稿を送り続けていることを、まわりの環境が許さなくなりつつある。すなわち、パソコンを基本とする体制にじわじわと包囲されていたのだ。

実は、機種選びなんて、さほど決定的なことではなく、むしろどのソフトを入れるかの方が、だいじだったりするのだが、そういうことも、わからなかったのですね。
　ぐずぐずしている私に、業を煮やしてか、知り合いがパソコンに詳しい女性を引き合わせた。その人のすることは、早かった。
「岸本さんは、家で使うことがほとんど？　だったらノート型でなく、デスクトップですね。ノート型だとキーボードが小さくて、肩が凝るから」
「ときどきは、別の部屋でも使いたい？　なら、この機種がいいでしょう。デスクトップにしては軽くて、移動させやすい」
　私の使う状況を聞き取り、たったっと決めて、6月某日、量販店が安さを競い合っている新宿駅周辺で待ち合わせ、購入。ふたりしてえっちらおっちら、自宅へ運んで、接続にまで付き合ってくれたのだ。
　ところが。
　そこから先、事態は再びストップしてしまった。いくら接続までされてたって、操作するのは、あくまでも本人。正しく打てなければ、パスワードも入力できない。そもそもメールで送るべき文書も作れない。
　はじめのうちは、ひとりきりで格闘していた。1～2章は、その挫折の記録です。勇をふるって挑戦しても、練習以前に、何がいけなくてマニュアルどおりの画面にならないのか、わからない。ウキーッ！　と髪をかきむしる。
　1年間に10回も、さわらなかったのではないかしら。このペースでは、10年たっても100回いくかいかないか。いつまで経っても、マスターなんか、できっこない。
　その間も締め切りは次々とあったので、ワープロをだましだまし使い、パソコンは電源さえも入れないまま、机の上の場所ふさぎとなっていた。

そして、いよいよワープロがイカレてきた2001年6月、一念発起。
「習うより慣れろ、というが、パソコンに関しては、慣れるより習えだな」
　と考えた私は、「先生」を頼むことにした。「助手嬢」と呼ぶ女性と、家に何回かに分けて来てもらい、教わった。それが、3～6章である。
　それとは別に、ひとりでキーボードに向かう日も設け、頭の中をとにかく無にして、ひたすら入力を練習した。
　結果、飛躍的に進展し（と、スタート時がサル状態だった私は、感じる）、授業もスピードアップしたので、7～11章からはQ&A方式に。
　授業と授業の間に、私は入院している。2001年10月にがんの手術を受けたのだ。
　メール、インターネットといった、文書作成以外の機能を、本格的に使うようになったのは、実はそれから。パソコン購入時は、予想だにしなかったけれど、病気が結果的に、私の電脳ライフを推し進めた。
　いやー、必要は発明の母というがごとしで、何よりの原動力となりますな。そのことは、12章で。
　とはいえ、パソコンで音楽を聴いたり、映画を観たりする人に比べれば、電脳ライフと称するのも図々しいほど。でも、必要は足りているので、こんなところかなと思っている。
　先日、知り合いの女性から、電話があった。
「もの書きの人から、パソコンを買おうかと思うけど、どの機種がいいかって、聞かれてるのよ。岸本さん、何にしたんだっけ？」
「えーっ、今頃、そんな相談して来ている人がいるんだ！」
　とうれしくなった。
　今は何でもかんでも「ネットでもご予約いただけます」だし、企業は必ずホームページのアドレスを流し、世の中のみんながパソコン化をと

うに果たしているかのようだ（それも、どうかと思う）が、まだまだいるんですなあ。

　しかも、間接的にではあれ、この私が機種について聞かれる立場に回っているのだから、2000年の頃を思えば、感慨深い。

　まずは、購入したてのときの悪戦苦闘から。私よりさらに遅れてスタートし、今まさに、惨めさにうちひしがれている方々には、
「はじめはみんな、似たようなもんなんだな」
　との慰めになれば。また、すでに悠然と使いこなしている方々には、私のあまりの覚えの悪さに呆れ、さぞや、まだるっこしく思われるだろうけれど、
「自分にも、こんな日があったなあ」
　と懐旧の情にひたっていただければ、幸いです。

1. 岸本葉子はサルでした

 **ついに買ったはいいけれど……**

　本日「パソコンにさわる日」を実行。

　わかったこと。岸本葉子はサルでした。

　世の中の人が、メールでおしゃべりを楽しんだり、インターネットで買い物したり、携帯とパソコンをつないで何たらかんたらを、直立歩行が当然のように、ごくごくふつうにこなしているとは。信じられない。私以外の全員が、毛が3本多く思われる。日本人はいつの間に、電脳人間に進化していたのか。

　21世紀に入ろうというのに、IT革命に思いきり乗り遅れた私。いちおうは、カタカナ職業なのだが……。

　今にして思えば、ワープロを覚えるのなんて簡単だった。商品に付属のマニュアルを順番どーり読めば、サルにもできた。

　パソコンを使うには、付属のマニュアルだけでは不充分。本屋であれだけガイドブックが売られているわけが、はじめてわかった。必ず要るもの。でも、それって商品のセットとしては不完全ということではないの？

　私もくやしいけれど、市販のガイドブックを2冊、ウィンドウズと一太郎を、それぞれ説明したものを買ってきた。

　それらと商品に付属のマニュアルと計4冊をひっくり返したが、わけがわからなくて、頭をかきむしりたくなった。ウキーッ！（叫び）

今日したことは、1. 日本語を入力する、2. メールを見る。
　1. については、「ジャストホーム」からスタートする。これは、うちのパソコンにもともと入っていて、初心者がキーボード練習から文書作成など、パソコンの基本的な機能をひととおり体験できるよう、いろいろなソフトを少しずつパッケージにしたものらしい（29頁を参照のこと）。「一太郎ホーム」というワープロソフトが、その中にある。
　それで、なんとか文章を入力できる画面までは出せるが、字数、行数の設定は？
　とりあえず、このままの設定で、マニュアルにあるとおりの練習文を打ってみる。
「横浜へ行った横浜へ行ったベストコンディション japanJAPAN……」
　漢字、カタカナ変換、英数小文字、大文字の練習をさせようという、製作者の意図はわかる。
　漢字の変換そのものについては、ワープロよりも利口そう。ワープロのように小樽市花園町を「小樽市は謎の町」なんて出す（バカだけれどかわいい）間違いはしない。
　しかし、打った文章をどうするかで、つまずいた。
　マニュアルや参考書にはどれも、作成した文書の「保存」の仕方は出ているが、私は保存する気はないのである。「横浜……横浜……」などと、意味不明のうわごとみたいなもの、要らん。将来、だいじな文書がどこに入り込んだかわからない、なんてことにならぬため、不要なものは片っぱしから消し、パソコン内に収納されているものをなるべく少なくしておきたい。
「保存しない」人は、どうすりゃいいのだ？　ため込むばっかりで、捨てる技術は書いていないのか。
　ウィンドウズのガイドブックの目次によると、「捨てる」「削除する」

関係は、ファイルとかフォルダのところにありそうだ。指示に従い画面に出したら、見たこともない四角いファイルマークが後から後から続々出てきて、卒倒しそうになった。私のパソコンに、いつの間にこんなのが入り込んでいたのか。

自分のさっき打った「横浜……横浜……」がこの無数の四角のどれに入っているかわからないのに、消せるわけない。しかたない、消さないで「横浜……横浜……」をフロッピーに落とし、プリントアウトするところまで完遂しようと思ったら、プリンタは買ったけど接続していないし、フロッピーを入れるディスクドライブはまだ買ってもいないことを思い出した。わはは。

2.のメールが、腹が立つんだな、これが。

購入に付き合ってくれた知人によって、ニフティに接続するところまでは完了している、パスワードも登録済みだ。なのにそのパスワードを何回入力しても「無効です」。画面上は＊＊＊＊＊＊と伏せ字になってしまうので、いったい何が間違ってるんだか、わからない。

説明書には「大文字小文字に注意して下さい」とあるけど、見えないのにどう注意せよというのか。だいたい、入力もまともにできない初心者に向かって、パスワードは、アルファベットの小文字、数字、記号の3種をとり混ぜるべしなんて、要求そのものが高過ぎるのだ（威張ることではないが）。

しかも、この前ニフティから「ご契約3か月のお客様へのサービス」で「何かお困りのことはありませんか」と電話があったが、その電話の直前の1回だけは、なぜか通ったのである。

誰にもまだメールアドレスを知らせていない（自分でもよくわかっていない）のに、知らない間にニフティからの案内やお知らせが、鬼のように送られてきていた。

「あ、もう、この問題は、解決した」
と思い、お困りのことはありませんと答えたが、今日同じことをしたら、また「無効です」。

何回もやり直していたら、今に銀行の暗証番号みたいに、登録そのものが無効にされてしまわないか。

疲れ果てて、今日はあきらめ、終わりにしたいと思うけど、画面の右上にある×印をクリックして「閉じる」でおさまるのか？

ワープロなら、簡単なものだった。スイッチを「オフ」にすれば、おとなしく消えてくれた。メール画面は、パスワードの入力を促す指示が、しつこく、しつこく出続ける。お願い、もう、あなたとお別れしたいのよ。

やっとのことで終了したものの、オンライン中の「ピー、ガー」という音が空耳のごとく、鼓膜にまだこだましている……。

こんなことで、果たして使えるようになるのやら。

 ## 言うことを聞かない機械

久々にワープロ、じゃなかった、パソコンにさわったけれど、忌まわしの「横浜……横浜……」がまだあるのがどうしても気にくわず、削除しないことには次に進めない感じ。私って、こんなに潔癖症だったか。「ジャストホーム」で作成した文書である。文書名を付して「保存」しないことには終わらせられなかったので、とりあえず「練習」と付けた。同じように処理した文書が「練習」「再練習」「再練習続」「再々練習」と並んで、こっちの方も、意味不明に。

ウィンドウズのガイドブックによれば、文書を削除するにはまず、そ

れがしまわれているファイルを特定しなければならない。最初の画面（デスクトップというそうですね、この名称もまぎらわしい、パソコンの型のことみたい）の「マイコンピュータ」、「マイドキュメント」、「スタート」→「プログラム」→「エクスプローラ」と、いろんな方向から近づいて、疑わしきファイルを、次々とクリックしてみたけど、探し当てられず。「横浜……横浜……」の入っているのは、どれだー?!

「一太郎ホーム」の画面のメニューバーの「ファイル」「編集」も、いじってみたが、消す機能がみつからないのは、どういうわけ？　世の中の人って、そんなに自分の作った文書を愛しているのか？

ところが、何げなくふと「ジャストホーム」のガイドメニュー画面に戻して、「ワープロ」中の「最近使った文書」をクリックすると、「練習」「再練習」「再練習続」「再々練習」と文書名が一覧表示された。

しかも、右下に「OK」「キャンセル」「？ヘルプ」の三つの選択肢が出るのは同じだが、左下にひとつだけ離れて「削除」なるものがあるではないか。おサルは目を点にしましたね。半信半疑のまま、「練習」という文書名を、次いで「削除」をクリックすると、一覧画面から文書名が一個減ってる。すなわち、「練習」がなくなっている。ウキー。

あとはもう、もぎ取っては捨てるように次々と文書名、「削除」をクリックすると、あーら、あれほどしつこく居座っていた文書らは、跡形もなく一掃されました。

フォルダだのファイルだの大騒ぎしなくても、「ジャストホーム」内でカタがつくんだったか。まったく手こずらせやがってと、息を荒くする。ジャストホームのマニュアルにも、ちゃんと書いておいてほしい。

しかし、文書ひとつ消すのにこれだけ苦労するってことは、逆にいうと、よほど複雑なミスをしない限りは、せっかくの文書を間違って消してしまうことはまずない、とも考えられる。

パソコン使用者からは、
「徹夜で打った文書を、誤って消滅させてしまって、ショックのあまりまる一日寝込んだ」
　という話をよく聞き、しかも、
「誰もが1回はやるんですよね」
　なんて、恐ろしいことを言う。私は、
（それだけは絶対に絶対に避けたい、そんなことになったなら、私はきっと立ち直れない。そんな危険を冒すくらいなら、おバカなワープロと一生付き合っていく方がマシ）
　と、そのことが実はパソコン導入に二の足を踏んでいた大きな理由だったが、その点の不信は少しぬぐえた。
　しかし、パソコンを買って3か月経過後の「成果」がそれっぽっちとは。

 **珍現象発生**

　購入後4か月経過。いまだ実用化のメドは立たず。
　ひと月ぶりにワープロ、じゃなかった、まだ間違えてるよ、パソコンにさわったのは、外出先で4人で話していて、パソコンの苦労談になったので。私だけができないわけではないのだ。ま、程度の問題もあると思うが。
　中で、仕事がらもっとも習熟していると思われる男性が、「僕はときどき、打っている字が赤くなることがある。そうすると、変換もできず、にっちもさっちも行かなくなって、はじめからやり直すしかない」
　と語った。マニュアルのどこをめくっても「字が赤くなった場合は」

なんて、書いていないそうだ。
　おサルの尻じゃあるまいし、突然赤くなるなんて、
「さすがにそれは、聞いたことないなあ」
と笑いながら、ちょっとほっとしたりしたのだった。そして、帰宅後、おなじみとなりつつある、というよりそれしか知らない「ジャストホーム」で、日本語入力の練習をはじめると。
　？？？？
　途中で、変換前の、ひらがな状態の字が、全部赤くなったではないか。なるほど、「変換」を押しても何を押しても、カーソルがまったく動かない。これが、噂の怪現象か。パソコンをいじること3回めにして、はじめてだ。
　首を傾げつつ終わりにしたが、びっくりしたなあ、もう、という感じだった。謎のままにしておくのも落ち着かないので、のちに「先生」に来てもらうようになってから、さかのぼって質問した。お答えは次のとおり。

先生のひとこと

　これは怪現象ですね。原因はなんだろう。たぶん、どこかで、フォントの色の設定を変えてしまったのでしょうか。フォントというのは、文字のかたちのこと。おおまかにいうと、ゴチックと明朝とに分かれますが、同じ明朝にも、細明とかリュウミンとか、いろいろあります。欧文フォントもヘルベチカやタイムズなどが選べます。ちなみにワープロソフトの画面の上にフォントという項目があります。そこを開いてみると（フォントのところにカーソルをあわせて、ずーっと押したままにすると開きます）、そこにそのコンピュータに内蔵されているフォントが表示されます。

ワードだと「ツール」を開いて、さらに「変更履歴の作成」を開くと、「変更箇所の表示」「変更箇所の確認」「文書の比較」とでてきます。「変更箇所の表示」を選んでオプションを選択すると、字の色もさまざま選べるようになっています。それを何かの拍子にさわってしまったのでしょうか。こういうときは、別名保存でテキスト形式に保存し直すのがいちばんの早道。テキスト形式とは、文字のいろいろな属性をとり、どのワープロソフトでも機種でも読むことができる状態のことなのです。

　おサルは、ここで考え方を改め、初心に返ることにした。キーボードの練習を、一からやり直そう。「ジャストホーム」のガイドメニューには「キーボード練習」なるものがあった。
「ワープロを10年以上使って、今さら……」
　と顧みずにいたが、我流で打っていては、いつまで経ってもスムーズにいかず、いらつくばかり。考えてみれば、1時間かけてまともな文章ひとつできていないのだ。のみならず、こういうアクシデントに煩わされる。
　何ごとも、基本をおろそかにしてはならじ。ここはひとつ、まだるっこしいようでも、「あかいおはながさきました」みたいな、屈辱的な文章でもいい、あらかじめセットされているソフトに従い、虚心坦懐に打ち込むことから、はじめよう。それ用に作られたものであるからには、効率的に習得できるようには、なっているはずだ。
　と思って「キーボードファイター」なるゲームソフトを呼び出したところ、「本製品は、ローマ字入力に対応しています。カナ入力には対応していません」。ウキーッ。せっかく殊勝な心がけを起こしたというのに。カナ入力者は、ジャストホームの顧客でないってか？
　マニュアルの書き方ひとつとってもそうだが、パソコン業界は、カナ

入力のユーザーに冷たい。

　申し遅れたが、私はカナ入力。10何年間それでやってきたのだ。パソコンではアルファベットが公用語かも知れないが、その点だけは譲れない。

一歩前進、二歩後退？

　カナ入力者を相手にしないソフトは、私も相手にしないことにし、市販のマニュアル本『超図解一太郎10』に従い、「横浜……横浜……」から、もう一度はじめる。あれほど忌み嫌い、消去しようと七転八倒した「横浜……横浜……」を、再び入力しようというのだから、私も辛抱強くなったものだ。

　ページ横の「カナ漢字入力の場合」という注意書きを、ていねいに拾いながら、順に例文を打っていく。

　文字入力の基本が終わったところで、今日はここまで。「次回はここから」と書いたフセンを貼って終了した。いやー、決められた順序にのっとって、ものごとを進めた充実感があるな。

　そう、覚えたばかりで、忘れていないこの時点で、メールのための、パスワード入力に再挑戦しよう。過去に何十回とトライし、偶然オッケーだったいっぺんを除いて、有効だったためしがない。「アウトルックエクスプレス」を起動し、メモを見ながら、英数小文字、数字、記号から成るパスワードを、今さっき練習したばかりの方法で、慎重に入力すると。

　つながった。

　相変わらず＊＊＊＊＊＊と伏せ字なので、何と書かれたかわからない

が、やっぱ今までは、入力のしかたのどこかが間違い、出したい文字になっていなかったのだろう。

これからもまた、ミスをしないとは限らない。とにかく、パソコンの気の変わらないうちにと、再度同じしかたで入力し、「パスワードを保存する」にクリック。

もう、けっしてパスワードの欄にはさわるまい。何がなんだかわからなかったが、とにかく練習の成果により、問題をひとつ解決したことはたしか。ウキッ。一歩前進、二歩後退とならなければいいのだけれど。

先生のひとこと

パスワードが無効だったのは、文字入力のしかたに問題があるのだと思います。半角と全角、大文字と小文字の区別はついていますか。同じ「1」でも半角と全角では、コンピュータは違う文字として認識します。なので、両方で入力してみてもいいかもしれません。どうしてもだめだったら、パスワードを設定し直しましょう。

2. 先生を迎えて再挑戦

 ワープロが消える日

　久々にパソコンにさわる。前回さわってから半年ぶり、購入してから早1年が経つ。ああ、でもこの書き出しは、今回限りにしなければ。
　1年の間に、さわった回数は片手で数えられるくらいであった。

　ワープロからの移行をはかり、まずは文章が打てるようになろうと、「ジャストホーム」の「一太郎ホーム」を何回か練習したが、こまかな操作の差異がいちいちイラ立つ。

　ワープロどうしで機種が変わることすら受けつけなかった私である。以前、ワープロが壊れたとき、同じキヤノンの新しいシリーズを買って使いはじめたものの、使い勝手の違いにがまんならなくて、20何万円フイにして、わざわざ従来の古い機種を買い直したことさえあるほどだ。
　作家の北村薫さんが、新聞に同じようなことを書いていた。北村さんもワープロ使用者だが、
「そこに置いてあるのが最後です。もう作らないそうです」
　と店で言われ、あちこちを探し回り、2台確保。それが動かなくなったら、文筆業も終わりか、とまで思ったとか。
「ほうら、もの書く人はやっぱそうなのよ」
　北村さんのような有名な人が同じだと、なぜか誇らしくなって、記事

を切り抜きまでしましたが、そんなところで意気投合していても、事態が変わるわけではない。

　ワープロを取り巻く環境は、日に日に厳しく、いまや消耗品の調達も難しくなっている。現在使用中のも、キーが固くなり、特に「な」の字のキーが、よほど強く押し込まないと下がらない。ゴミでもはさまったかと、掃除機で吸い取ったり、持ち上げて逆さに振ってもだめ。

　力がいるので、1日打っていると、指の関節がマヒしてくる。肩、腕も凝るし、体には絶対悪い。ワープロそのものも、いつ壊れたっておかしくはない状況だ。

　北村さんの記事を機に、パソコンに移行するまでのつなぎとして、同じ機種のワープロをもう1台買っておこうと、メーカーのサービスセンターに電話をした。すると、

「もうお作りしておりません」

　とのこと。

「全国どこのサービスセンターでもそうですか？」「1台も残っていませんか？」「店に残っている可能性は？」しつこくくい下がったが、

「5年以上前に、製造を中止していますので」

　遅きに失したか。

　今使っているのがある日突然壊れたら、おしまいである。その日に送る原稿を、その日に書いているような私にとっては、まさに危機的。誰かがお払い箱にしたのが、売られていないか、中古OA機器の店を、電話帳で調べて、片っぱしからかけることも考えた。

　が、それも非現実的だ。

　今までメール入稿を求める人から、

「岸本さんもパソコンにすればいいのに、なんでしないんですか」

　と責められるたび、

（したいのは山々だが、練習のための時間がとれないんだ、時間が）

と内心言い返していた。が、いつまでもそんなことを理由にできない。もう待ったなし。

そこで思った。

（人に聞くべし！）

出遅れた人間には、出遅れたなりの利がある。まわりに、すでにできる人がいること。

これまでは、ワープロもそうだし、圧力鍋も洗濯機の「予約」機能なんかも、マニュアルと格闘しなんとか使いこなしてきた。家電の取扱説明書は頭から読むタイプである。が、今回は何も「自分で」にこだわらなくてもいいのでは。

いや、考えてみれば最初から、その方針は崩れていたな。パソコンの購入からして、人に付き合ってもらい、あれよあれよという間にニフティの接続まですんでいたのだ。なので、すでにアドレスを持つ身である。忘れたけれど、どこかにはメモってあるはず。

ともかくも私のすべきは、借りられる人の力はおおいに借り、1日も早くエッセイをパソコンで書けるようにすることだ。初期段階のしなくてもいい苦労は、できる限り省く。これだな。

で、「先生」をお願いすることになった。買うときに付き合ってくれたのは女性だったが、今度は男性。明日、はじめて来てもらう。

それに備えて、パソコンにハタキをかけているわけである。

関係しそうなものは、全部机の上に出しておこう。購入時の箱の中にどさーっと入っていたマニュアル、保証書だか説明書だか入会案内だか申込用紙だかよくわからん紙の類、CDのようなもの、梱包材にくるまれたままの付属品らしきもの。プリンタも同時に買ったが、そちらの箱に入っていたものも。選別できないので、何ひとつ捨てていないことは、

たしかだ。
　1年ぶりにさわるものは、文字どおり埃をかぶっていた。

 **初心に返りマニュアルを読む**

　付属のマニュアル本は、1.から6.まであり、一夜漬けになるが、はじめの方のだけでも、目を通すことにした。これまでは文章を入力することにのみしゃかりきになり、
「他のところは用はない」
　と、読んでいなかったのだ。寝る前に、ベッドに持ち込む。1.「接続と準備」と3.「パソコンの基本」。2.は「インターネット」なので、文章を打つのが最重要課題の私には、とりあえず関係なし。
　接続はしてもらったので、1.の内容は、習得ずみかと思っていたが、まじめに読むと、うちのパソコンにはCD-ROMを入れるところが付いているとはじめて知り（CD-ROMドライブというらしい）、図の「イジェクトボタン」に、
「はー、ここを押して出し入れするわけね」
　と、蛍光のラインマーカーを引いたりした。
　1.には、使う前に「サポートセンタ」というのをまず見てみよう、とある。このパソコンで何ができるかを知るのに、役立つらしい。それには、画面右上に出る「サポートセンタ」の文字をクリックするという。
　そんなもの見覚えがないので、たいしたもんじゃなかろうと、3.に進むと、「サポートセンタ」は「アクティブメニューNX」のひとつとして、電源を入れたとき常に画面右上に表示される、とある。ンなもの、いまだかつて表示されたことないぞー。

なんでうちのは、マニュアル上のデスクトップ画面と違うんだ。メーカーが製造時にうちのにだけ入れ忘れたんじゃなかろうか。
　1.に戻ると、何々？「アクティブメニューNX」は、セットアップ時に、「スタート」次いで「シンプレムを使う準備をします」をクリックすると、表示されるとか。ほんとうか（シンプレムはうちのパソコンの機種名）。
　寝そべって読んでいたが、確かめずにはいられなくなり、起きてとなりの部屋に行き、パジャマのままパソコンの前に。
　ほんとだ。初期設定をちゃんとしなかった私が、悪いんでした。

　はじめから全体を理解しようなんてムリだから、マニュアル中とりあえず関係箇所だけ目を通せばよし、と思っていたが、1.くらいは、順を追って読んだ方がよさそうだ。「サポートセンタ」によると、このパソコンでは「ワード」が使えるという。「初心者からプロフェッショナルまで、誰でも使いこなせる日本語ワープロの決定版」と。うちのパソコンには「ワード」が入っていたんだ！　購入1年後にしてはじめて知った。
　いやー、睡眠時間を削って読んだかいがあった。これで半年間私をてこずらせた「一太郎ホーム」と、おさらばできる！　一太郎「ホーム」という、何やらファミリーで楽しむようにアレンジしたと思われるものに対し、プロフェッショナルの使用にも耐えるというのが、そそるではないか。文章を書くのが仕事の私としては、はじめから「ワード」で行くべきだ。そうだ、そう来なくっちゃ。
　「サポートセンタ」によると、添付ソフトを呼び出すには、「アクティブメニューNX」の中の「アプリケーション」→「ランチーNX」と進むのと、「スタート」→「プログラム」から行くのと、二通りあるらしい。
　が、どっちをやっても、ワードの「ワ」の字もない。なぜ？

がっくりした。
やっぱりうちのだけ不良品なんじゃなかろうか。

 ## パソコンを使う目的をはっきりさせる

　昨晩の疑問について。
　不良品ではありませんでした。先生によれば、同じ機種でも、一太郎の系列のソフトが入っているか、ワードの系列が入っているか、買うときに選ぶようになっていて、他ならぬ私が前者にしたのでしょう、と。1年も前なので記憶が定かでないけれど、たぶんそうなのでしょう。
　ワードは入れたければ、後からでも入れられるらしい。
「だったら、練習はその後にしよう。へたに、別のソフトで慣れてしまっても困るし」
　と、先延ばしする考えが頭に浮かんだが、共通する部分が多いので、とりあえず一太郎ホームで練習しておく方がいい、とのことだった。
　そうですか。
「先生」といっしょに来た「助手」役の女性は、「スタート」に続く「プログラム」を見ながら、
「このへんは、マックの方がわかりやすいかも知れない」
　二人ともマッキントッシュの使用者なのだ。うちのはウィンドウズ。
「ウィンドウズにマックは入れられないの？」
　と聞くと、
「それは無理」とのことだった。
　初レッスンを受ける前に、私の目的をあきらかにした。

1. 日本語の文章を打つ。
2. 保存する。
3. プリントする。
4. 同じ文章をメールで送る。

4. をするなら、3. の必要はないじゃないかと言われそうだが、ワープロでしている作業、

1. 打つ。
2. 保存する。
3. プリントする。
4. ファックスで送る。

の各段階をパラレルに移すと、そうなる。今はそういう発想しかできないが、ワープロとパソコンとはそもそもパラレルな関係にはないことが、パソコンでは何をしたら同じ目的にかなうかが、そのうちわかってくるんだろうな。

　プリントは、いろいろな雑誌に書いたエッセイを、のちのち単行本にまとめるときに、やはり必要だ。編集者にまず「こんな原稿があるんですけど」と渡すために、いや、その前に「本にできる分量がたまったな」と自分で気づくために。いつもファックスした後、カゴにためておき、厚さで「そろそろできるな」と判断している。データという、目に見えないもののままより、紙という物(ブツ)にしておいた方が安心でもある。

　こうしたメンタリティも、パソコンに慣れるうち、徐々に変わっていくのだろう。

　今あるソフトで文章を打つには、前にしていたように「ジャストホー

ム」の「一太郎ホーム」で行くしかないようだ。振り出しに戻った感がある。

「ジャストホーム」は、何かをするのにいちいち「スタート」→「プログラム」から探すとたいへんなので、よく使うものをまとめ、コンパクトに組み直したもの、とのこと。そういうのを、メニューソフトというそうだ。

しっかし、この「ジャストホーム」の最初に出るガイドメニューの「絵柄」がな。

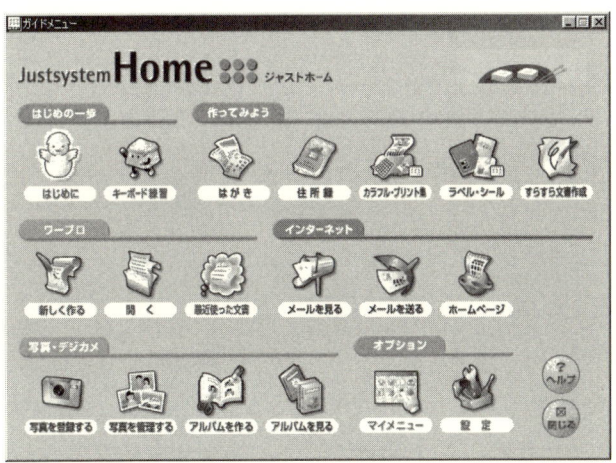

 方法はひと通りではない

私はこれを、初心者が練習用に使うもの、パソコンを一人前に使えるようになる前の段階の、いわばお子さま向けソフトかと思い込んでいた。それも、このガイドメニューの「絵柄」ゆえだ。「はじめに」なんかは、卵が割れて、ひよこが羽をばたつかせている図。もの書き10年の人間が、

これから文章を打ちましょうというには、あんまりなイラストだ。
「アクティブメニューNX」の中の「アプリケーション」→「ランチーNX」からでも、「スタート」→「プログラム」からでも、ワープロソフトへの入口は、結局このぴよぴよか。
　そがれるよなあ。
　ワープロでも、パソコンでも、このへんがネック。以前、ワープロの機種変えをしようとしてキレたのも、余計なイラストのせいが大きい。削除をするとき、画面にいちいちお掃除小僧のようなキャラクターが現れ、さっさかさっさか箒を動かし「消します」というしぐさをする。それが、どうしても許せなかった。
　年に1回、年賀状作成のときだけ、プリントごっこのノリでワープロを使う人には、小僧が出た方が楽しいってこともあろう。が、日々、時間に追われながら文章を打つ立場にすれば、目ざわりなことこの上ない。そういう必死になって打たねばならないユーザーは、もの書きだけではないはずである。
　前の機種では、小僧なんぞ出なかったのに、新しい機種になってからがそのていたらくだから、バージョンアップどころか、退化である。あれでは、ワープロもすたれるわけだ。
　パソコンに進化して、その点は、少し改まったかと思えば相変わらず。先生によれば、別の機種では、キュウハチ君なるハチが案内役で出てきて（虫のハチです、信じられます？）、アニメのような声で、
「こんにちは」
　などと喋るそうだ。リストラの危機で、
「パソコンができないと、生き残れない」
　と深夜、血走った眼で取り組むお父さんなら、叩き壊したくなるだろう。

2. 先生を迎えて再挑戦

　いや、お父さんでなくても誰のどういうシチュエーションでも、やっぱり変。開発担当者は、何か勘違いしてないか。
「パソコンに親しむって、そういうことじゃないだろ」
　と言いたい。パソコンに限らないかも知れないが、日本では親しみやすく＝幼児化の方向へ行きがちなのは、何ゆえか。あれは人を愚民化する。
　キャラクターばかりでなく、音もそう。
　わがシンプレムにしても、何かするたびに、
「シャララー」
「シューン」
　と、星の国からやって来たコメットさん登場！ みたいな音がする。

31

夕べも「サポートセンタ」問題が気になって起き上がり、となりの部屋のパソコンの電源を入れてから、画面が出るまでどうせしばらくかかるだろうと（うちのは遅い！　他の機種もこんなにかかるのか？）ベッドに戻ったところ、忘れた頃に廊下から、
「シャララー」
　と、はでに響いて、びっくりした。ご近所をはばかる。夫にないしょでメールを送りたい妻なんか、どうするんだろう。
　長々と文句を書いたが、この、できれば避けて通りたい「ぴよぴよ」に、どの方法ではじめても、たどり着いてしまうことから、逆にわかったこと。何かをしたいとき、そこに行く道すじは、ひとつに限らず、何通りもあるわけだ。たぶん、教える人によっても違うだろう。
　それもパソコンの特徴かも知れない。

先生のひとこと

起動したときや終了したときの音は、消すこともできるし音を小さくすることもできます。コントロールパネルをひらいて、サウンドのところを出してみましょう。その他プログラムの起動時、警告音など、さまざまな場合の音について設定することができます。また音の種類も選べます。

3. 印刷ができた!

 **保存先はどこ**

　入力そのものは、マニュアルに従いひたすら練習するしかないとわかったので、先生からは「保存」のしかたを学ぶ。とりあえず意味不明の字の連なりを打って、それを保存すべき文書とする。

　で、いきなり実行ではない。保存先として、どんなところがあるかを、知っておかないと。

　デスクトップ画面の左上の「マイコンピュータ」をクリックする。「マイコンピュータ」は、自分の今使っているこのパソコンが、どういう「状況」にあるかを示すもの。

　灰色の枠の中に、下にアルファベットが付いたイラストマークが、いくつか出た。

これはアイコンのことを言っています。マイコンピュータのなかにどんなものが、入っているかがわかります。この「枠」はウィンドウズの名のゆえんのウィンドウ。これで仕切られているということですね。

　左上の四つ、A、C、D、Qに注目。

　ドライブといい、データを書き込んだり読み込んだりするところ。ピンと来ないが、「そういうもの」と知るだけにして、先へ進む。

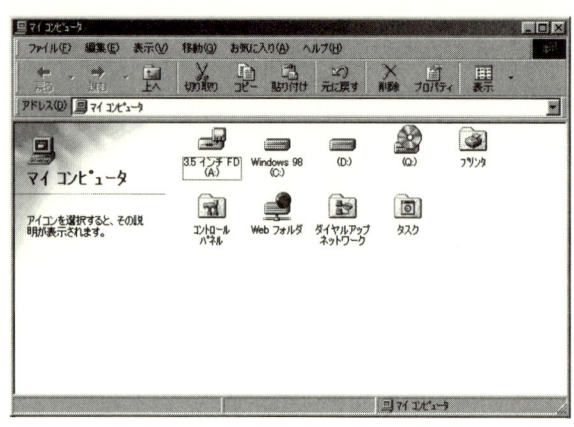

このうちA、C、Dの三つが保存に関係ある。

　C、Dはあらかじめ本体の中に入っていて「ハードディスク」という。「ディスク」というからには、フロッピーディスク（以下、FD）のような「板」を想像するが、FDと違いもとから内蔵されており、取り出して確かめられるものではないらしい。
　ほんとうはCとDは、ひとつにできる。が、それだと、いかれるときは全部いかれてしまうので、あえてふたつに分けて、万が一のケースでもデータを守るようにしている。リスク分散てやつだな。

　まぎらわしいのは、「ハードディスク」に入るデータは、これから保存したい文書のように、買った後打ち込むものだけでない。パソコンを動かすために、もとから備わっているものも、いっしょくたであることだ。そのせいで概念は、つかみにくい。
　でも、後者は「ハードディスク」中のCに入っている。後から打つ文書は、CにもDにもしまうことができるが、通常はDに保存してバッ

クアップをとる。
　C、Dが内蔵されたものなのに対し、A、Qはいわば外からくっつけるものだ。
　Qは丸い円盤の図から察しがつくように、CD-ROMを入れるところ。CD-ROMはFDと同じく、差し込んで何かをする「板」だが、FDが、データを書き込んで使うものであるのに対し、もとから入っている内容を、読み取ることが主である（書き込みができるのはCDRと呼ぶ）。
　残りのAが、FDを入れるところだ。ドライブが「データを書き込んだり読み込んだりするところ」という意味が、なんとなくつかめた。
　ワープロでいうと私の機種では、電源をオフにすると、ワープロ本体には文書は残らない。なので神経質なほど、必ずFDに落としている。
　パソコンだと、いちいちFDに落とさなくても、本体内に残るようだ。が、文書が消えることを何より恐れる私は、FD頼みの癖が抜けないだろうな。これもひとつの、物に対する信仰。
　マニュアルを読むと「別売りのFDドライブが必要です」。えーっ、せっかく先生に来てもらっているのに、つなげない？
　と思ったら、買ってきたとき付いていたもの一式の山の中を、ごそごそ探っていた、助手役の女性が、
「これって、違うかな」
　梱包をはがせば、おお、それだとのこと。買うのに付き合ってくれた女性が、いずれ要るからと、いっしょに購入しておいてくれたらしい。ありがたや。
　接続に関しては、依頼心全開の私は、先生に任せる。
　差し込むだけなら自分でもできるが、物理的につないだけでは、完成ではないらしい。FD設定用のCD-ROMが要る。夕べまで埃をかぶっていた付属品類が、急に大活躍である。

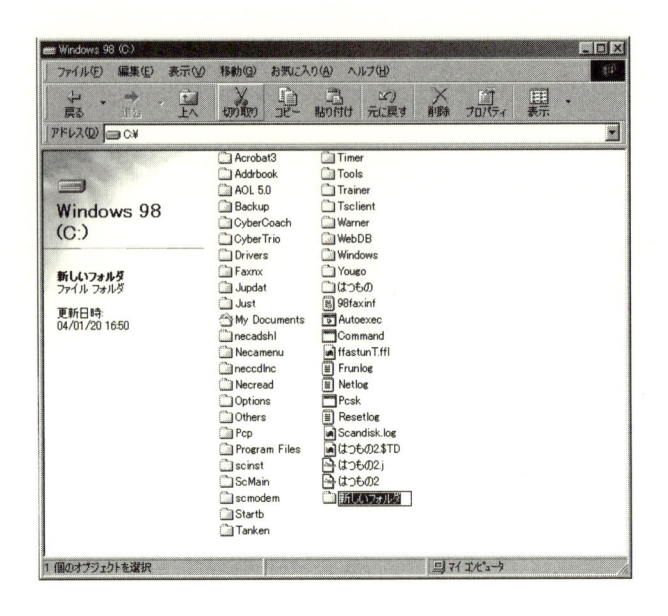

CD-ROMを、ドライブに入れる。イジェクトボタンを押し、一瞬入れて、すぐに出す。これだけしか用がないとは、何かもったいないような。

あ、でも、さすが、Aのアイコンの下に「3.5インチFD」と表示が出た。

「マイコンピュータ」が、このパソコンの「状況」を示すという意味を、ようやく実感した。

ハードディスクの中身

Cをクリックしてみると、これこそ以前私が、何かの拍子に開けてみて仰天したところだ。封筒色の四角い紙ばさみのようなものが、タテ、

ヨコに行列していて、下にさげても、続々出てくる。
「自分では何ひとつ保存した覚えはないのに、見知らぬものが、マイコンピュータにいつの間に侵入していたんだ！」
と驚いたが、これこそ先生の言う「パソコンを動かすのに、元から備わっているもの」なんだろう。この四角軍団のひとつひとつについては、今は深く考えない方がよさそう。

練習では、このC内に文書を保存する。

灰色枠の左上の「ファイル」、次いで「新規作成」「フォルダ」をクリック。すると、並んだ紙ばさみのいちばん下に、ひとつ増え、「新しいフォルダ」なる青色がけの表示が出ている。紙ばさみが、すなわちフォルダなのだ。

青色のところに矢印（ポインタ）を置き、ちょっと押すと、白に変わって、ここにフォルダに付けたい名前を入力するそうだ。はじめてなので「はつもの」とする。

再び「ファイル」を、次いで「ショートカットの作成」をクリック。行列の下に、「はつものへのショートカット」なるフォルダが出現した。それにポインタを当て、先生がマウスを左に動かすと、おおっ、「はつものへのショートカット」が、ゆうれいのような薄い影となって、画面上を同じく左方向へ、ふわりと移動するではないか。これはワープロではあり得ぬワザ。

「はつものへのショートカット」のゆうれいを、枠の左外へ出て、最初のデスクトップ画面左にタテに並ぶマーク群の、いちばん下まで連れていって、マウスを離す。再び色が濃くなって、何くわぬ顔でその場におさまった。先生、今のは何をしたんですか。

次に「はつもの」フォルダに何かしたいとき、いちいちCの中まで入っていってアクセスするのはたいへんだから、じかの入口を作ったそう

だ。なるほど、だから近道＝ショートカットか。

ファイルとフォルダ

　さて、「ジャストホーム」で文書を作ったら、保存するには、画面左上の「ファイル」をクリック、「文書を保存」を選ぶ。ファイルの名前を入力せよとの、画面の指示にとまどった。ファイルって、どのこと？

　先生いわく、ここでは、この文書のこと、すなわちこの文書に名前をつけよ、とのことらしい。まぎらわしいよな。デスクトップもそうだが、同音異義語というか、同じ言葉が、何通りかの意味に使われるのも、初心者にはわかりにくい理由のひとつだ。

　先生の説明によると、ファイルとは、ひとことで言えば、データの固まりである。作成した文書であれ、もとから入っている情報であれ。

　ファイル、フォルダ、文書の階層関係も、よくわからん。日常では紙ばさみのこともファイルと言うよね。

　ここではとりあえず、ファイル＝文書で、それを入れるところがフォルダ。ならば「はつもの」フォルダにしまう最初の文書だから、ファイルの名前は「はつもの1」とする。

　何もしないと「はつもの1」は、同じ「ジャストホーム」内の「マイホーム」に保存される。が、ここではハードディスクC内の「はつもの」フォルダをクリックして、そこに保存。

　念のためFDにも保存する。ここで、さっきCから外に出しておいた「はつものショート」が役立つわけで、「マイコンピュータ」のA（＝FDドライブでした）を開き、「はつものショート」をさっきと同じ「ゆうれい方式」で移す。

これで、ドライブCからAに移ったわけだ。
　正しくは、移動ではなく「コピー」になるそうだ。すなわち、Cからなくなったのではなく、そちらにも残る。バックアップとは、そういうことか。
　今ので、FDへの落とし込みも完了したという。ワープロでの保存に比べて、一瞬だ。

印刷までこぎつけた

　保存したら、いよいよ印刷。いやー、初レッスンでここまでいけるとは思わなかったな。といっても、今日のところは、
「パソコンでは、こういうふうにするのか」
　と理解のための、いわばデモンストレーション。同じことを自分で再現せよといわれても、できないかもしれない。
　さて、プリンタをつながねば。
　接続は1回すればすむことなので、覚える必要なしと判断、無駄な苦労は省くとの方針（立ってる者は親でも使え、との方針でもある）のもと、先生に一任することにした。
　ところが、物理的にはアッという間につなげたけれど、その後のインストールとやらが、思うとおりにいかないよう。
　時間ばかりが経過する。助手さんもはじめのうちこそマニュアルを調べたりと、自分なりに頭を働かせようとしていたようだが、先生にお任せすべしと思ってか、静かに台所でコーヒーなどいれている。
　私は余計な口出しをして気を散らせてはいけないから、とにかくじゃまにならぬよう、黙ってコーヒーを置いたり、ビスケットの缶をそっと

さし出したりしながら、内心、
「自分でやらなくてよかった」
と思うとともに、
「先生でさえてこずっているのだから、接続がすんだら、この先一生、抜かないようにしよう」
と決意した。この機種を選んだのは、もともとは家の中で持ち運びをしたい（デスクトップとしては軽量）からではあった。この部屋だけでなく、気が向いたらリビングでも打てるように。が、この際、そうしたことは考えまい。
　インストールが完了したときは、
「おめでとうございます」
と画面に表示された。
「やったー！」
　3人で拍手したものの、プリンタとつなぐって、パソコン会社から達成を祝福されるほど、難しいことなのか？　それでは困るのだが。
　カラーと黒と、両方あったインクカートリッジのうち、黒をセットする。
「紙ありますか？」
「あっ、はい、ここに」
　そういう「非電脳的」質問には、てきぱきと答えられる私である。
　で、「テスト印刷」からスタートするはずが。
　どうしたんだろう。ちっとも開始されない。プリンタそのものは、電気が通り、準備できているはずだが。
「紙の置き方も、正しいはずだし」
「重さが足りないとか」
　10枚ほど足してみる。カートリッジの向きも、もういっぺん点検。問

題はない。なのに。
「ひょっとして、カートリッジをふたつとも入れないと、セットされたとみなさないとか」
「まさか」
　その「まさか」であった。試しにカラーのカートリッジを入れると、待ってましたとばかり、プリンタが働きはじめた。複雑な色の羽をした、蝶の絵が出てくる。
「テスト印刷」ってこれか。これをしたかったから、カラーカートリッジを入れないうちは、頑として、動かなかったわけ？　ンなこと、どこかに書いてあったかよー。
　蝶の図柄に続いて、「はつもの1」と名付けて保存した文書がプリントアウトされて、印刷はめでたく完了。
　FD ドライブから FD を抜いて、「ウィンドウズの終了」をクリック。
　画面が消えると、3人同時に、溜め息をついた。
　コンセントも抜いていい。
「えっ、いいんですか？」
　聞き返した。それがわからなくて、パソコンにさわりもしないのに、1年間ずっとつなぎっ放しだった。せっかく設定されたパスワードなどが失われてはたいへんと。その間、コンセントを他のことに使えず、不便していたのである。
　やっぱりもっと早く人を頼るべきだった。

4.その後の独習

電気街で知る現実

秋葉原へ行った。
目的は三つ。

1. ワープロ用の2DDのFDを買う。
2. 「MS-DOSフォーマット済の2DDのFD」を買う。
3. 中古ワープロを売っている店を探す。

それぞれについて解説します。
　1. 日常業務はまだワープロで打っているが、そのためのFDが足りない。短い原稿でも「FDで送れ」という会社がどんどん増えてきて、あちこちにばらまいているため、常に不足状態。しかも、半分くらいが、「ライトプロテクトがかかっているため操作できません。ライトプロテクトを解除して下さい」
　との状態で返ってくる。次に使おうとすると、画面にそう表示されるのだ。
「解除」とはどうするのか。ワープロでは、とにかくいっさいの操作を受けつけないので「解除」しようがない。
　使えないFDだけがたまっていき、送れるぶんは尽きてきた。
　2. ワープロ付属のマニュアルを読むと、今の機種で入力した文書を、

MS-DOSで動いているパソコンで編集できるようにするには、「MS-DOSフォーマット済の2DDのFD」を買ってきて、そちらに、今使用のワープロで、しかるべき操作をして移すらしい。
　これができれば、私からのFDをそのまま使え、編集者は大助かりだろうし、私も送るとき「まことに申し訳ありませんが変換をお願いいたします」といった卑屈な謝り文を、いちいち付けなくてすむ。
　問題は、変換先のFDをいかに入手するか。「MS-DOSフォーマット済の2DDのFD」は「市販されているのでそれを使用して下さい」とマニュアルにあり、電機店をずいぶん回ってみたけれど、いまだかつて、あったためしがない。
　これまでは、詫び状で事をすませていたが、この前先生が来たときに、
「ワープロがいつ壊れてもおかしくない」
　と話したら、助手さんが、
「過去のFDに入っている文書だけでも、なるべく早く、パソコンで読めるように移しておいた方がいい」
　読み取りも書き込みもできなくなったなら、終わりだと。
　危機感をおぼえ、パソコンの習得を待たず、データの移行だけは、先にしておこうと考えた。
　3. そして、往生際悪く、まだ今の機種を探そうしている。パソコンにはほんとうに、近い将来移行するつもりだが、とにかく今日のことが今日できなくなるとアウトなので、つなぎのためだけにでも惜しくない。
　で、結果は。

　1. まず、売り場そのものが変わっていて、ワープロ関係商品はいよいよすみに追いやられ、終末感が漂っていた。
　とりあえず20枚買いだめする。

「もうなくなるでしょうかね」

店員に訊ねると、

「うーん、うちでも注文は続けて出していますが」

時間の問題であろう。

2.については、

「もう、MS-DOS フォーマット済の2DD は生産されていません」

とのこと。探しても、ないわけだ。

3.これも最後の望みを絶たれました。ワープロ売り場の人に、このへんで中古を買える店はないかと訊ねると、

「そのお問い合わせは、たーくさんいただくんですけど、ないんですよ」

日本のどこかで、今まさにワープロを捨てようとしているあなた。それを10万円出してもいいから欲しいとうめいている人は、北村薫さんだけではあるまい。インターネットで呼びかけたらどんぴしゃりかも知れないが、そもそもパソコンでそういうことのできない人間が、必死になって探し回っているわけなのだ。

店員の言葉から、一方的に生産を打ち切られ途方にくれた人々が、電気街を右往左往しているさまが、よくわかった。10年愛用して棄てられて。メーカーの背信行為である。

と人を非難してもはじまらない。もはや退路はない。前進あるのみ！

FD をフォーマットする

1年前に買ったウィンドウズのガイドブックをひっぱり出す。これに従いフォーマットすれば、買ってきたただの2DD の FD が、MS-DOS フ

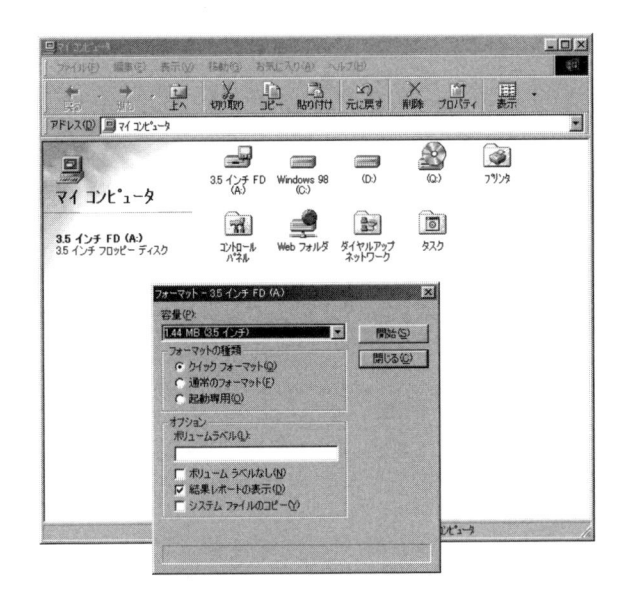

ォーマットされたことになるのでは、というのが私の考え。しかし、本には「MS-DOS」とも「DOS変換」なんて、何も出てこない。そもそもMS-DOSって何？

ともかくも書いてあるとおりに操作する。「マイコンピュータ」→「A」ドライブ→「フォーマット」とクリックし、「1.44MB」を選択せよとあるのでそうして、「開始」。

何？　できない？　容量が合わないか、ディスクが壊れています、との表示。嘘をつけ。新品だぞ。壊れてるわけないだろ。

容量云々をあやしく感じ、画面の「1.44MB」のところをポインタで試しにいじると「720KB」なる数字も下に出た。MBとKBのどっちの単位が大きいかはわからぬが、後者を選び直し「開始」。すると、今度はすなおにフォーマットをはじめるではないか。

人間の勘とは、案外あてになる。ガイドブックの別のページに、

720KBのFDは、すなわち2DDタイプといわれるものとの説明があった。しかしこういうとき、ちょっとポインタでいじってみようと発想ができるのも、パソコンに慣れてきたからだろうか。

　これに、わがワープロで入力した文書が移せるかはわからないが。

　この日、たまたま知った、「ライトプロテクト」は単なる穴のことだった。

　ほら、テープレコーダー用のテープで、録音防止の爪を折っておく、というのがありましたね。あれと同じようなもの。

　図によればFDの裏の左下に、小さな四角い穴があり、通常はふさがれていて、書き込みができるようになっている。

　ペン先か何かで、穴のおおいをスライドさせて外すと、プロテクトがかかる。元に戻すには、おおいを逆方向にずらせばいいだけ。

　私はパソコン上の操作によってしか、プロテクトの解除ができないものかと思っていた。なので、わざわざ編集部に、

「ライトプロテクトのご解除をお願いいたします」

との依頼状を付け、送り返したこともあったのだ。指先でちょちょいとずらせばいいだけの話だったのか。わはは。

　無知のせいで、皆さんにご迷惑をかけました。

別のワープロソフトを発見

　もうひとつ。FD関係以外で、ガイドブックにより、副次的に知ったこと。

　このパソコンには、「一太郎ホーム」とも、さんざ探してなかった「ワード」とも違う、「ワードパッド」なるワープロソフトが入っている。

ウィンドウズに標準的に備わっているものだそうだ。
　商品付属のマニュアル「3.練習！パソコンの基本」の文字を打つの章は「このパソコンには一太郎ホームというワープロソフトが入っています」からはじまっていて、「ワードパッド」のことなど、ひとこともふれていなかった。
「こういうものがあるならあると、早く言え」って感じである。
　市販のガイドブックを買わなければわからないことがあって、いいんだろうか。
　別に「一太郎ホーム」に恨みはないが、どうも「ジャストホーム」全体の入口の「ぴよぴよ」画面に違和感がある。
「プログラム」→「アクセサリ」→「ワードパッド」と探すと、あった。
　クリックすると、おお、一発だ。ぴよぴよを経ず、いきなり文書作成画面になる。これは精神衛生上いい。
　文字入力を少々練習。半年前に比べれば、はかどること。思ったより早く習得できるかも。

5. 二回目の授業

ワープロソフトを変更する

　先生に再びお出まし願うことにした。独習でワードパッドに親しんだ私は、ワープロソフトを「ワード」に変えるべく、先生に相談。
　ソフトを追加するには CD-ROM を使う。インストールは先生に頼む。
「これは、一度すれば、この後することはない操作ですよね？」
　すかさず先生に確認し、「見るだけの人」に転じる私。ただでさえ頭に詰め込まねばならぬことは多いから、覚えることと覚えなくていいこととの別を瞬時に見きわめ、ムダな労力を使わぬことが重要だ。
　セットアップ完了。使えるようになりました。
「スタート」→「プログラム」から「マイクロソフトワード」を呼び出す。
　私が「ワード」にこだわったわけは、考えてみればさほど合理的ではなく、「一太郎ホーム」で作成しようとすると必ず出るぴよぴよを、嫌ったためだ。それも、練習不足のせいで「一太郎ホーム」をうまく使いこなせないイライラを、ひよこに八つ当たりした感がなくもない。が、過去は振り返るまい。
　「ワード」の最初の画面を出すと、なんと、イルカが登場した。やけにつぶらな瞳をぱちくりさせて、青い身をくねらせながら、何か喋っている。漫画でいう吹き出しの中に、せりふが出るのだ。
　一刻も早く消したい私は、他の選択肢をろくすっぽ読まず、「今すぐ

ワードを使う」とクリック。と、文字は消えるが、イルカは残る。
「このイルカ、いつまでいる気？」
　キャラクターには冷たい私が言うと、いつもは脇で控えている助手嬢が、無言でぬっと手を出して、「ヘルプ」をクリックし「オフィスアシスタントを隠す」にした。と、消滅。
「あのイルカは、オフィスアシスタントという役だったんですね」
「そのようですね」
　すばやい操作と、気のなさそうな返事から、彼女もパソコン上のキャラクターを、さほど愛していない人だとわかる。ムードを和らげるためか、
「イルカはヒトの友だちってことでしょうか。同じ哺乳動物で」
　先生がひとり、意味レスなフォローをしていた。

ページ設定

　「ワードパッド」では、1行あたりの字数が一発で設定できず、いらいらのもとだった。ルーラーを動かしたり何だりと、あくまでも画面の幅が先にありきで、「そこにどれくらいの字数が入るか」から発想するらしい。私は逆だ。
　さて、「ワードパッド」ならぬ「ワード」では、右上の「ファイル」次いで「ページ設定」をクリックすると、「文字と行数を指定する」との項目がちゃんと出た。これぞ私の求めていたもの。でも、それって「ページ設定」と言うかな？　「ファイル」の代わりに「書式」をクリックしたくなるのが、ふつうでは。
　では、いよいよ、「ワード」ではじめての文書を作成してみよう。「フ

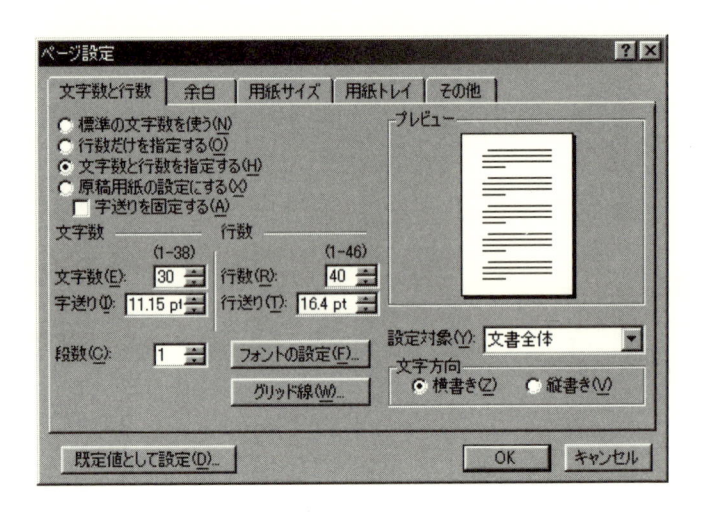

ァイル」に戻って、「新規作成」→「新しい文書」と進む。こういうとき、言われずともぱっと「ファイル」にポインタが行くようになったあたり、パソコンに少しは慣れてきたといえまいか。

　何字×何行と決まらないと、文書作成の思考回路が起動しない私は、習ったばかりの、文字数、行数の指定作業をまずする。単行本用の長い原稿を書くときの、30字×40行に。
　次に「余白」を定める。経験から、
「A4の紙を縦に使うなら、左右のアキはこんな感じかな」
　と寸法をミリ単位で入力するが、ここからが、字数行数より「体裁」が優先するパソコンのこわさ。余白をいじることにより、字数行数の方まで、パソコンの一存で変えてしまうのだ。
　だから、こっちは30×40ととっくに定まり、そのとおり折り返されているつもりでも、全然違ってたなんてこともあり得る。「余白」を指定したら、また前の「文字数と行数」に戻って、確認せねばならない。

ほんと、面倒。それに比べて、ワープロは実にすなおでよかった、変換がバカな点を除いては、私は今でも……いや、過去は振り返るまいと決めたのだ。

「既定値として設定」をクリックしておくこともできるそうだ。でも私の書くものは、原稿によって、字数も1ページあたりの行数もばらばらなので、そのつど設定することにする。

文書の作成、保存

　文書を打ったら保存する。保存作業も「ファイル」からだ。「名前を付けて保存」をクリック。他に「上書き保存」というのもあり、それぞれ、ワープロでいう「新規保存」「再保存」のことらしい。

　はじめて送る文書だから、「はつおくり」とつける。ファイル名欄に「はつおくり」と入力。

　保存先も指定する。「保存先」欄には、「マイドキュメント」とあるが、欄の右はしの「▼」を押すといろいろ出る。

　おなじみとなったハードディスク「C」をクリック。すると、「C」内のフォルダ一覧が出るので、「はつもの」をダブルクリック。「保存先」欄に「はつもの」が表示された。

　「保存」を、クリック。これで、ようやく保存が実行されるのだ。ひとつのことに、やたら何回もクリックをさせられる。ワープロなら……（口をつぐむ）。

　ほんとに、保存されたでしょうか。確認のため「はつもの」フォルダを覗いてみる。

　前に作った「はつものへのショートカット」をダブルクリックすると、

おお、ある。「はつもの1」に加え、新たに「はつおくり」が入っている。「ワード」による文書作成、保存という目標は、これにて達成だが、先生がおまけでもうひとつ教えてくれた。

文書の検索

　先生によれば、文書がどこに保存されたかわからなくなるのは、パソコンではよく起こること、探し方を知っておくのは、今後も何かと役立つでしょう、と。「検索」という機能だ。例として「はつもの1」の文章がどこに入っているかを調べる。

　「スタート」→「検索」→「ファイルやフォルダ」の順に選んで、出てくる枠内の「名前」のところに「はつもの」、「探す場所」に「C」と入力。「名前」を「はつもの1」としないのは、念のため、「はつもの」が名前の一部に含まれるファイルすべての状況を、調べるようにだそうだ。

　検索条件は「はつものというファイル名」と出た。その条件下で「検

索開始」をクリック。

　下の枠に、「はつもの」の四文字を含んだファイル名が並ぶ。「はつもの1」がちゃんとある。

　名前の右に、それが入ったフォルダ名が出る。なるほど、「はつもの1」は「はつもの」フォルダにしまわれていることが確かめられた。

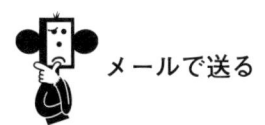

メールで送る

　送信に先だって、インターネット関係の、わがパソコンの状況を、先生がざっと見る。
「モデムはどれですか？」
「……（無言）」
「ああ、もう電話回線にも接続されてますね」
　このあたりは、買った日に付き添ってくれた人が、全部していったのである。ニフティとの契約もすんでいるし、覚えていないがアドレスも持ち、パスワードも、二度と打たなくてすむよう保存し、以来、へたなことをしてはいけないので、さわっていない。
　先生がいじって、

「うわ、受信がたまってますよ」
「えっ、そんなはずは」
　私はメールが送信されてくると、自然に受信トレイに入るものと思っていたが、
「メールは私書箱と同じで、来てるかどうか、こちらから確認しにいかないといけないんです」
「ダイヤルアップの接続」によって「接続」して、はじめて届く。
　しかし、自分さえ覚えていないアドレス、いかなるところから漏れ、何やつが送りつけてきたかと警戒しつつ、「受信トレイ」を覗いたところ、全部、ニフティからのお知らせであった。
　目標は、メールを作成し、ファイルを付けて送ること。
「新しいメール」をクリックする。
「メッセージの作成」ウィンドウが出る。「宛先」欄には、先生のアドレス。下欄の「CC」は、同じメールを複数の人に送るためとのこと。そちらには、助手の女性のアドレスを入れる。打ち込むのが例によって遅く、気ばかり焦る。
「件名」は、第一便の意で「だいいちびん」。漢字変換の時間も惜しい

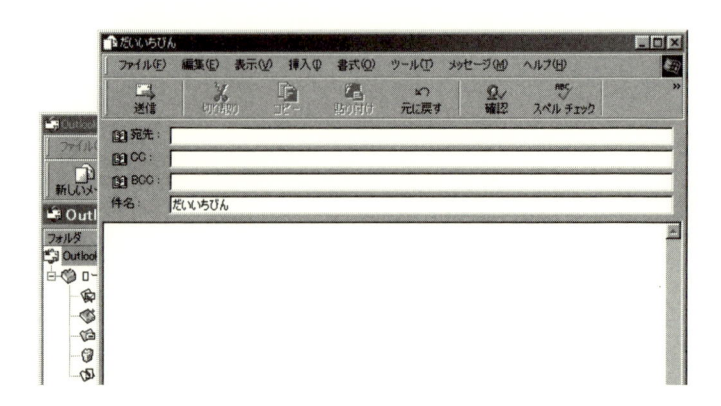

ので、ひらがなのまま。

　メール文が、これまた、時間がかかる。要するに、文字入力が、現在の私の最大の弱点であり、それを克服しない限り、すべてに影響するとわかってきた。入力方法が一定しないため、ファイル名をつけるのも数字が全角になったり半角になったり、そのために違う文書と認識され、混乱をきたしたのだ。

ファイルを添付

　これに、さきに作成した文書を添付するのには、なんとメニューバーの「挿入」をクリックするのである。すると「添付ファイル」なる項目が出るが……「挿入」から、ファイルの添付を想起する人など、どこにいよう。画面の語感って、ほんと疑う。
「添付ファイル」をクリックすると、送りたいファイルのしまわれている場所の候補がいろいろ出る。「ファイルの場所」欄の右はしの「▼」印をクリックすると、「デスクトップ」の中身がさらに詳しく、表示された。その中から「C」を選ぶ。

　下の枠内に、フォルダが一覧表示されるので、「はつもの」フォルダをダブルクリック。
「ファイルの場所」欄が「はつもの」に変わり、下の枠内に、今度は「はつもの」フォルダ内の、ファイルが一覧表示される。

　あった。「はつおくり」。これぞ、添付したいファイル。

　クリックすると、下のファイル名に「はつおくり」と出るので、そこでようやくはじめて「添付」をクリック。

　とにかく、何をやるんでも、実行にたどり着くまで、クリックの回数

が多くげんなりするが、これもデータのしまい場所が何段階にもなっており、目的物を探すのに、深く深く分け入っていかねばならぬためだろう。マニュアル本を眺めているうちには、ピンと来なかった階層概念が、いやでも、実感できるようになる。
「送信」をクリックし、これで、
「行ったかー！」
　と思ったが、単に送信トレイに入っただけ。
「接続」にしない限り、つながらない（オフラインの作業になる）設定になっていた。
　メニューバーの「ツール」の「送受信」を「クリック」し、「接続」して送る。
　目標はすべて達成し、めでたく授業を終えたが、先生たちが帰ってからハッと、
「もしか、まだ接続されたままの状態で、電話代がじゃんじゃん加算されていたらどうしよう」
　と、恐るべき可能性に気づき、急ぎ受話器を持ち上げて、切れているのを確かめた。
　メールについては、今いちど勉強し直しの要ありだな。

　翌日「受信トレイ」を見たら、先生、助手嬢、それぞれからメールが来ていた。
「届いています。おめでとうございます」
　送れたのはいいが、かんじんの送るべき文書の入力そのものが非常に遅い。
　開通＝原稿をメールで送るシテスムの実用化とは、とても言えない。
　あー、山寺にこもりたい。他のことをいっさい忘れ、心しずかに、入

力の修業に専念したい。

文書の入力を

　メールのやりとりで確認できたのは、ファイルだフォルダだ以前に、日本語入力を何とかせねばならぬこと。
　「山寺の日」を設けよう。浮き世の義理のいっさいを断ち、その日1日自宅にこもって、パソコンの修業のみに専念する。そういうシンプルでストイックな1日も、嫌いではない私である。
　買い物に出なくてもすむように、1日ぶんの食料と、併せて、修業の導きとすべきガイドブックを、前日に仕入れてきた。売り場にあった本の中では、もっとも詳しそうなもので、「全機能解説の決定版」と帯にある。これを読んでもだめならば、ワードはもうあきらめた方がいいとも思える、完全本だ。
　600ページ。3.7センチと、近年読んだ本の中では『サル学の現在』に次ぐ厚さである。思えばあの頃からサルとの縁が……。
　キーボードをさわらなくてもわかる章は、前の晩、ベッドで寝転びながら読んだ。そこで知ったのは、画面のはしをちょろちょろしてうるさいので消してしまったオフィスアシスタントなるイルカは、他にもいくつか種類があって、選べるらしい。ページ上には例として、「ミミー」という猫がいて、
　「オフィスでお悩みのあなた、かわいいミミーがお手伝いします」
　自分で自分を「かわいいミミー」とは呆れたものだ。それに比べれば、イルカの方がまだマシである。他にいったいどんな「種類」がいるのか、怖いもの見たさで、パソコンを起動し覗いてみたい衝動に駆られた。

キャラクター関係には、どうもムキになる癖があり、いかん。

朝。ワープロをどかして、正面にパソコン、左にガイドブック、右にお茶と、こもる態勢を整える。私も割と、形から入るタイプである。

文書作成画面を出すのも、「スタート」→「プログラム」→「マイクロソフトワード」と、はじめから順を追って。とにかく自分を無にして、本のとおり従うことがだいじである。

日本語入力システムも、それまでのATOKを捨て、ワードのマイクロソフト社によるIME2000に切り換えた。

例文は「現代美術館へ行きました」。この一文を、「入力中の読みを修正する」という練習のため、

げんだいびじゅちかんへいきました

といったんわざと間違えて打たねばならないようだ。「つ」ぐらい打てるが、この本のしもべとなると決めた私は、忠実にわざと間違える。

ミスタッチだらけの文章が、画面に充満したところで、はたと気づけば、やや、お前はいつぞや隠したオフィスアシスタントのイルカではないか。呼びもしないのに、また出ている。

しかも、出たなら出たで、然るべき助けをすればいいのに、相変わらずつぶらな瞳をぱっちり開き、人の悪戦苦闘ぶりを黙って見ているだけなのだから、気が知れない。何か言ったら？

メニューバーに「ヘルプ」とあるので、クリックすると「オフィスアシスタントを隠す」なるチョイスがあって、迷わずクリック。

すると、イルカの口から吹き出しが出て、「オフィスアシスタントを何度か隠しました。オフィスアシスタントをオフにしますか、それとも今だけ隠すようにしますか？」。

侮れないやつ。たしかに以前、助手嬢が同じく、ヘルプをいじって、イルカを隠した。とうの昔の、しかもその後何度も電源を切ったというのに、記憶はとぎれず、過去の仕打ちを覚えているとは。
　哺乳類という点では、イルカとサルはいい勝負なのだ。
　今後、何かのときに役に立たないとも限らないから、完全には息の根を止めないで「今だけ隠す」にし、目ざわりでないところに生かしておくことにした。
　特殊記号の入力。これは、手続きがあまりに複雑で、本にあるとおりをたどりながらも、うんざりする。特殊記号といっても、私がふだん使うのは「…」か「─」くらいなのだ。「。」「、」などと同じ扱いでキーにして、一発で出るようにしてほしい。
　「挿入」→「記号と特殊文字」へ。あるいは、ツールバーから「IMEパッド」次いで「アプレットメニュー」を開くなど、いろいろな方法を練習した。が、最後に出てきたやり方で、ふつうの文字の読みを入力するのと同じに「きごう」と打ってスペースを押せば、メニューバーやツールバーをポインタでいじらなくても、変換候補のひとつとして「…」も「─」も出ることがわかり、「これだ！」とガイドブックのその箇所にラインマーカーで線を引く。

編集の基本

　文字入力はざっと学んだことにし、次なる課題は、編集操作。編集といっても、いくつもの文書をまとめて、みたいなことをするのではなく、文書の中での、ひとまとまりの部分の「移動」「複写」「削除」が、ここでの私の課題である。

今使っているワープロでは、この部分をここへ移したい、ここにも打ちたい、あるいは、そっくり要らないというときに、「ブロック移動」「ブロック複写」「削除」といった、そのものずばりのキーがある。
　パソコンにはどんぴしゃりのキーはないし、作業の呼び名も少しずつ違うので、ワープロでの用語を、パソコンのそれに翻訳してとらえなければ。
　練習の場となる文章が、

　　現代美術館に行きました

の1行だけだと、どこが写しで、どこが元のかわからなさそうだから、

　　その後、上野の精養軒で食事でもいかかでしょう？

と付け足し、数行にわたるようにした。
　本によると、「移動」「複写」「削除」をするには、対象となる範囲をまず指定する。
　指定の仕方も、行単位、段落単位、ページ単位といろいろあるのを頭に入れてから、その先へ。「移動」「複写」「削除」などの作業に関係するのは、「切り取り」「クリア」「貼り付け」「コピー」なるコマンドだ。いずれもメニューバー中の「編集」を選ぶと、表示される。どれとどれとが並列的な概念なのか、わかりにくいが、要するに……と、まとめて書こうとしたものの、要するのは無理そうなので、個々に記す。
　「移動」について。
　範囲指定をしたら、その部分を即写すのではなく、画面上からいったん消して、見えないところ（クリップボード）にキープする。その作業

を「切り取り」という。

　キープしたものを、クリップボードから再び画面上に置く作業を「貼り付け」。ワープロに比べて、なんかこう、二度手間の感じは否めないが。

　キープしたものを、クリップボードに乗せる前とは、別の場所に置くと「移動」。元あった場所は、空になる。

　クリップボードに積み込むのでも、「切り取り」ではなく「コピー」を選ぶと、元のところは空にならず、そのまま残る。

　で、画面上に降ろす作業は、移動のときと同じ「貼り付け」。うーむ。

　範囲指定をしてから「クリア」を選ぶと、クリップボードに積まれずに、画面上から消える、イコール、なくなる。なら「削除」と言ってほしい。

　ワープロで言う削除＝パソコンでは範囲指定→「編集」メニュー中の「クリア」

　移動＝範囲指定→「編集」メニュー中の「切り取り」→「編集」メニュー中の「貼り付け」

　複写＝範囲指定→「編集」メニュー中の「コピー」→「編集」メニュー中の「貼り付け」

　となるわけか。パソコンをあつかって久しい読者のかたには、かったるくてたまらないだろうが、許してほしい。

カーソルが意のままにならない！

　しくみはわかったつもりだが、実行にあたり、またまた問題。カーソルが思うように動かない！

移動先、コピー先は、カーソルで指定せよとあるのだが、その指定ができない。私としては下の余白に、移したり写したりをしたいのだが、カーソルがどうしてもそこへ行かないのだ。文書の最終行より下へは、頑として動かない。
　改行マークがあるからかとも考えて、最終行の末の改行マークをDeleteキーで消そうとするが、消えない。
　移動先の指定をあきらめ、「ドラッグ＆ドロップ」で移動させようとしたが、カーソルを意のままに操れないわけだから、正しいドラッグなどできるわけがない。文字列が、黒に白抜きで反転したり、戻ったり。「切り取り」「コピー」「貼り付け」「ドラッグ＆ドロップ」と、がむしゃらにくり返すうち、画面は、
　「現代美術館に行き後上野の精養軒？　上野上野の食事など？」
　と「一太郎ホーム」をはじめてさわったときの「横浜横浜」のような、はちゃめちゃな様相を呈してきた。私には何か、マウスで示されるポインタと、画面上に点滅しているインジケーターとの関係について、根本的な理解不足があるのかも。インジケーターの位置と、マウスで指し示すところとが、全然合わない。

先生のひとこと
うーん、ふたつの場合が考えられますね。まず、文書の余白の部分にカーソルを合わせようとしていたとか？　それと文書の最終行より先に、コピーして文書を移すのなら、改行をして、スペースをつくらないと、移動しません。

　さっき息の根を止めずにおいたイルカよ、こんなときこそ現れて、アシストするべきではないの？
　ヘルプでイルカを呼び出すと、何を調べたいかと問うてくる。「イン

ジケーター」と入力し「検索」すると、
「ホワイトボードの文字列やグラフィックスをポイントするには、インジケーター」
と木で鼻をくくったような答え。だから、ポイントしようとしてるんだって。「インジケーターの動かし方」と再入力して「検索」すると、どんな詳細を知りたいかと、選択肢がわっと返ってきた。

　もっとも関係ありそうな、「文書内で移動する」を選ぶと、またもたくさんの選択肢が。妥当とおぼしき、「指定した項目や位置に移動する」を、私としては「位置」に思いを込めつつ選ぶと、またまた出る。「特定のページ、表、その他の項目に移動する」を選ぶと、なんとかボックスになんとかを入力してジャンプせよとか、話がどんどん難しくなって、「位置」問題なぞどこかに行ってしまった。

　ヘルプを閉じると、イルカはせせら笑うように宙にはね、泡を残して海中に没し……。ワードも、こういうビジュアル的なものにみせる細かさを、もう少しアシストの内容の方に、発揮してほしい。

　むなしさにとらわれて、「山寺の日」を終えた。

企業のメソッドに学ぶ

　めげない私は、中1日置いて、再度「山寺の日」を設定する。
　何でもよいから、前にワープロで打った文書をパソコンで打ち直してみる。
　学生時代、商社に内定した男子から、英文タイプの習得法を聞いたことがある。全員が窓のない会議室のようなところに詰め込まれる。前方のスクリーンには、キーボードの図が映り、「R、K、B、S、H、F、P

……」のように点滅する。綴りとしてまったく意味をなさないように、わざと作られている。受講者は点滅に合わせて、ひたすら指を動かし続ける。自分を無にして、キーボードの奴隷になりきるのだ。

　1時間も続けると、皆ほとんど機械的に手を上下しているだけになり、呆然と半開きした口からは、よだれが垂れることもある。が、内定者に義務付けられたそのレッスンに、13時間も通えば、確実に打てるようになるという。早く手に覚えさせるには、頭と手を分けるのが有効なのだろう。

　そのメソッドに学ぶことにした。頭と手を分ける方法として、すでに書いた短い文章を、そのとおりパソコンで打つ。考えずに、ただただ手の練習をするのである。

　この前「クロワッサン」に書いた朝ご飯についての原稿がいいだろう。400字で2枚ちょっとと短いし、カタカナ、英字も入り混じっていた。で、打ってみたのを、覚えたてのメールに添付し、先生に送信します。

　　朝ご飯、あー。朝ご飯。それがいかに大事かは、頭ではわかつている。1日の始まりに当たり、ニッポン人の私としては、炊き立ての白いご飯をもりもり食べて、自分に活を入れたいところ。
　　でも、現実は……甘いものを申し訳程度にちょこっと口にするだけ。火を使うのなんて、お湯をわかすくらいです。
　　台所に立つのが面倒だからではなく、胃が起きていないんだな。無理に詰め込むと、もたれてしまう。たぶん胃下垂のせい。前に健康診断で、レントゲン写真を見て、驚いた。長い。上の方はズンドウ、下は骨盤まで伸びている。理科の人体図とは全然違って、アルファベットの「J」のよう。あれじゃ、前の晩のがなかなか消化されないわけです。

5. 二回目の授業

　8時から8時半の間に起床の私は、まずティーポットにスプーン2杯の葉を入れる。目覚めには濃いめのお茶がいいみたい。アッサムは、ハチミツのような香りが気に入っている。ミルクティーで飲むので、いつも冷蔵庫に牛乳は絶やさない。

　そして、紅茶をおいしく飲むアクセントになるのが、ベーグル。一時期マフィンに凝ったけれど、砂糖とバターがたっぷりで朝食にはやや重過ぎた。

　今はまっているのは、BAGEL&BAGELという店のもの。ノーコレステロール、ノーオイルで、生活習慣病の人にもおすすめだとか。イチジク、ラズベリーも好きだけれど、定番はブルーベリーかな。

　ベーグルといえば、クリームチーズが通常だけれど、私はカッテージチーズを愛用。カッテージチーズは、脂肪分がわずか4パーセントで、100グラム食べても106キロカロリーと、意外とローカロリーなのだ。この先、骨量が減るのに備え、カルシウムもとれそうだし。

　ただし、裏ごしタイプのを。そうでないとベーグルに載せても、ぽろぽろ落ちてくるよ。

　上下半分ずつにスライスしたベーグルを、オーブントースターで、ちょっと温め香ばしくしたところへ、カッテージチーズをたっぷり塗る。果実のほのかな甘さと、チーズの酸っぱさが相性よし。

　今夜は外食、野菜不足になるかも§と感じた日にはニンジンのサラダをプラス。おろし金ふうカッターですいすい千切り、バルサミコ、オリーブオイルをちょちょいとかけて、干しぶどうをあしらう。あ、これ、夏に岩手の温泉の土産物屋で買った、山ブドウだな。

　以上が、私の朝ご飯。ときとして上が80下が40台を記録する、恐るべき低血圧の私が、まあまあ、すんなり活動開始できるのも、こ

のおかげと思っています。

自分のコンピュータ上に開いた文書では、ところどころ赤い波線がつくのはなぜ？

先生のひとこと それはワードの文章校正機能で、入力中、文章上の誤りや欧文だったらスペリングの間違いなどの可能性を、赤い波線で示してきます。それをメールで送っても相手には出ませんし、印刷しても写りません。その他に、小さい「っ」が、大きい「つ」になっているのは、ささいなミスとしてヘンな記号が出ているのが気になります。？と打ったつもりでミスタッチをしたか、あるいは、そちらの画面では正しく？と打っていても、受信した側にはそのとおり出ないときもある。異なるワープロソフト間でやりとりするとき、記号関係ではしばしばそういうことが起こり得ます。

途中から段落のはじめに1字下げすると、次の行からは行頭に文字が打てなくなってしまった。マウスで指してもどうしても左に行かない。

先生のひとこと それも、こちらの画面では、ふつうの字詰めで出ています。おそらく1字下げが続いたので、左は1字下げになるようにパソコンが自動的に設定を直したのでしょう。元に戻すには、「書式」をクリックし、さらに「段落」をクリックし、「インデント」の「左のインデント幅」を0字にします。

打っている間じゅう、オフィスアシスタントのイルカは、何か言いたそうに画面をうろちょろしていた。時間は、とてつもなく長くかかった。

でも、ともかくひとつの文書を最後まで、打ち通した達成感がある。「山寺」にこもったかいがあった。次はほんとうの文書作成、すなわち頭と手を分けず、考えながら打つことに挑戦しよう。

はじめての業務用文書

　はじめて業務用の文章をパソコンで書いた。練習ではなく、雑誌に載せる原稿である。
　終わって気づくと、全身筋肉痛。首、肩、背中、腰、臀部まで凝っている。よっぽど神経をつかったのだろう。
　すでにある文章を打つのと違って、頭と手を分けられないが、考える方の負担をなるべく軽くするため、紙の上で下書きをしてから、キーボードに向かった。
　それでも、ふだんの倍の時間を要した。
　これをFDに落とし、なおかつプリントアウトせねば。
　お引き受けした時点では、まだとてもパソコンで書けるようになるメドが立っていなかったので、
「ワープロ原稿でもいいですか」
と確認した（そうでないと、ファックスした後、「メールで送り直してほしい」とよく言われる）。
　ワープロで入力したFDでいい、DOS変換できてなくてもいいから、とにかくFDを送るよう言われた。
　なので、文書を作成するときから、保存先はFDを指定しておいた。
　そうしてみて保存に関し、パソコンはかなり賢いとわかった。キーボードを打っていても、一定時間ごとにFDに、書き込みをしているよう

である。

　ワープロでは、いったん入力の手を止め、メニュー画面に戻してから「再保存」の指示を出さなければならなかったので、パソコンのこの保存における自主性は、たいへん便利。

　パソコンにFDを入れたまま打つシチュエーションにまだ慣れないので、差し込んであるのを忘れ、抜かずに電源を切ってしまい、冷やりとしたが、データは消えなかったみたい。が、何かのはずみに壊滅するかもしれないから、電源のオン、オフに合わせてFDを出し入れすることを習慣化せねば。

　いずれにしろFDのみでは危ないので、ハードディスクの「D」にも保存することにした。

　ようやく終わって、ひと息つく間もなく、印刷へ。念のため、FDとともに、プリントした原稿も送るよう言われている。

　マニュアルと首っ引きで、印刷の設定をする。

　で、開始されるはずが、案の定というべきか、動かない。

　紙のはしっこを揃えたり、前後を逆にしたり、量を増減したりしてから、ふと思いつき、トレイをぐいと押し込むと。

　蹴りでも入れられたように、プリンタが突然、働きはじめた。

　まったく、肝をつぶすことが多い。

　だが、ともかくもFDへの保存、印刷がひとりでできたのだ。

「山寺の日」の修業を機に、実用化に近づいた感じである。

6. 第一段落合格

後戻りはすまじ

あれ以来、ずっとパソコンで書いている。

われながら信じられない。
仕事先に電話をかけて、こっちから、
「あのー、原稿をメールで送りたいんですけど、アドレスを教えていただけますか」
と聞いている次第である。今までずっと、
「メールはないんですか」
と催促される側だったのに、完全に逆になった。
アドレスの問い合わせをしてわかったのは、ファックスからメールになったと知るや、どの人もいちように、
「ええっ、ほんとですか、わー」
と、受話器の前で拍手せんばかりに、喜ぶこと。誰も皆、打ち直しをいかに負担に感じていたか、この日を待ち望んでいたかが、声の調子から知れる。口には出さねど、腹の中では、
「岸本葉子もパソコンに早く変えればいいものを」
と思っていたことだろう。
「メールか、さもなくばFDか」を求められることに対し、『炊飯器とキーボード』（講談社文庫）では恨みがましいことや批判も書きましたが、

私が間違ってました。許して下さい。打ち直しにかかる時間を思えば、無理もないこと。でも、その工程がはさまってもだいじょうぶなよう、締め切りには絶対遅れなかったでしょ、ね、ね。

毎日毎日打っているから、さすがに早くなる。

このぶんだと、次の書き下ろし本からは、パソコンではじめられるかも。

あの、つっかえつっかえ、呪い、歯ぎしりながら打っていた「山寺」が、結果的にパソコン移行のスプリングボードとなったのだから、ほんと、何がどうなるかわからない。あのときは、トホホな状態で、とても実用化につながるとは思えなかった。

進化の道程は、直線状ではなく、あるところでぴょんと階段状に上がるというのは、ほんとうだ。

ワープロが、いよいよ使用に耐えなくなったことも大きい。キーボードはほとんど全キーがきしみ、前々からイカレかかっていた「な」はもう、拇印を捺すように、力を込めて強く押し込まないと動かなかった。打った後の、腕の筋の突っ張りも、日に日に重症化していた。

A→Bに移行するには、「Bに慣れる」こともだいじだが、「Aが苦痛になる」ということも、大きな原動力として働くと知る。このこと、人生のいろんな局面について言えそう。

あのままワープロを使い続けていたら、間違いなく腱鞘炎になっただろう。

パソコンにはまだまだ習熟していないが、かくなる上は、もう後戻りはしない所存である。

今日、たまたまワープロにさわることがあった（以前は、毎回「パソコンに久々にさわる」という書き出しではじまっていたことを思うと、隔世の感だ」←ありゃ、なぜかカッコが出ない、画面上はカッコなのに、

エンターで確定しようとすると、どうしてもこっちになる。しつこくカッコに直そうとしていたら、今度はカギカッコのキーを押すと、）になる。カッコとカギカッコのキーが入れ替わった？
　そうこうするうち、カギカッコのキーもカッコも、すべて）になってしまった。なんでそう、オール・オア・ナッシングの発想をするのか。私はカッコもカギカッコも両方使いたいのだ。パソコン特有の学習機能のつもりかも知れないが、そういうのって賢いって言う？
　従わぬやつは、しばらく放っておくとして、ワープロの話であった。
　そう、住所録をプリントアウトする必要があり、それはワープロのフロッピーに保存してあるので、久々にワープロのコードをつなぎ、印刷を設定、実行ボタンを押したところ。
　動かない。画面上は「印刷中」になっているが、プリンタはかたりとも言わない。
　接続が悪いのかと、プリンタを何度もはめ直したり、
「しばらくぶりだから、通電に時間がかかるのかも知れない」
　と、手拭いでこすって温めたりしていたら、そういう非科学的な推論がいちばん当たっていたのか、ようやく印刷しはじめた。
　わずか10日ほどさわらなかっただけで、こうも劣化が進むとは。ほんとうに末期的。プリンタのみならまだいいが、本体までもまったく動かなくなってしまっては、今あるフロッピーが全部役立たずになる。単行本にして、たぶん4冊か5冊ぶんのもとになる文書が入っているのだ。
「早めにコンピュータで使えるよう、変換しておいた方がいいですよ」
　と、助手嬢がしきりにすすめていたのが思い出される。と、パソコンで打っていて気がついたら、助手嬢の言葉の前後をくくるところに、ちゃんとカギカッコが出るように直っていた。パソコン操作では思いどおりにいかないとき「ほとぼりをさます」というのも、ひとつのコツだな。

MS-DOS に変換するのは自分でもできないことはないが、量が多いので業者にたのむことにする。助手嬢によれば、変換を請け負う業者も、世の趨勢が、すでにワープロからの移行を終えたとみてか、次々と店をたたんでいるという。これまでは、まだどんどんフロッピーに文書が増えている最中だったから、どの時点で業者に出すか、タイミングを計りかねていたが、これ以上ワープロでは入力しないと決めたからには、一刻も早く頼もう。

　助手嬢に相談すると、以前その話をしたときよりさらに、店じまいが進んでいるようで、何軒かはすでになくなっており、かろうじて続けているところでも、

「キャノワード？　あ、それはだめです」

　と言われたりした。マイナーのつらさ。

　ようやくみつかったところへ、拝むようにしてフロッピーを送り、ふう、なんとか間に合った。

　パソコンにセットしてみると、キイキイと危なっかしい音をたてながらも、画面になんとか文字が出現。行としては横書きだが、なぜか文字のひとつひとつが左に90度傾いて、すなわち文字と文字とは縦に連なる形で並んでいたのが不思議だったが、こまかな問題は後で考えるとして、とにかくデータとしては、保存されていた。

　あとひと月遅かったら、業者が皆撤退し、読み込む方法のない、単なる板となったフロッピーディスクを抱え、途方に暮れていたかも知れないと思うと、ぞっとする。

　これで、ほんとうに退路は断たれた。でも、なんなん何かのときのために、ワープロはまだ粗大ゴミには出さず、とっておこう。この1台を捨てたら、もう絶対手に入らないものだから。

ミスタッチは許されない？

しかしまだときどき肝をつぶすようなことが起こる。

何かのキーを押したら、突然改行マークが下に向かって一直線に暴走しはじめ、一直線に続いて止まらない。←キーを押しても→キーを押しても、ポインタでとどめを刺そうと、はげしくクリックしてもだめ。画面左下のページを表す数字が、スロットマシンのようにめまぐるしく変わっていく。

スペースも「元に戻る」も「ヘルプ」も、みんな無視。ますます加速度がついていき、目で追いきれないほどのハイスピードだ。もう誰か止めてー。

やみくもにクリックしていたら、ようやく止まった。ぜいぜいと肩で息をする思い。

1ページめを打っていたはずなのに、ページ数の数字は「16」となっていた。

変換候補一覧を出していたら、青字に白抜きのと、そうでないのとが、突然せわしく入れ替わり、点滅状態になったかと思うと、横書きで打っていた文字が、右はし縦一列に、だーっと並んでしまったこともある。全体が横から縦に組み変わるならまだわかるが、その前までの行は元のまま。1行30字詰めで打っていたのだが、その30字めのところに並び、左側29文字ぶんは、まっ白である。「ファイル」から「ページ設定」を呼び、字数を30、横書きと、もういちど設定するが、直らない。

しかたない。29文字ぶんの余白を、バックスペースで左になぞる形で、1行ずつえんえんと消していこうと思いついたが、余白の部分には、カーソルが行ってくれない。なぜ？

しかたないからイルカを呼んで、質問文のところに「1行を30字にしたい」と入力すると、
「質問の意味がわかりません」
「1行の文字数を30字にしたい」と、ばかていねいに言い直すと、ようやく反応。」をたまたま続けて使ったからといって、）を」に全部、先回りして変えてしまう、へんな小賢しさと、この察しの悪さのギャップは何？
　しかも、検索の結果のアドバイスが、
「ファイルからページ設定をクリックし、文字数を30に……」
　云々と出た。ンなこと知ってる、さっきからしている。それでわからんから聞いてるんじゃ。
　たぶん変換候補を探すうち、どこかさわってはいけないところを押したんだな。そうなるともうお手上げ。何が起きたかわからない。
　そして、マニュアルはそういう事態を想定していない。マニュアルの1ページめには、
「本マニュアルは、ミスタッチをしないことを前提にしています」
　と書いておいてほしい。初心者はおかしがちなミスタッチだが、初心者ほど実は、許されないのだ。修復の筋道を、自分では立てられないから。
　食い下がる私は、なおなんとかして元に戻そうと、
「これは、字の並び方だから『表示』の問題に属するのでは」
　とメニューバーの「表示」をクリック、とにかく現状を変えねばと、出てきた選択肢を適当にクリックしたら、今度は30字どころではなく、横いっぱい、画面を右に動かしても、まだあるまだあるというように、限りなく横にのびてしまった。
　こういうときは慌てず騒がず「戻る」を押せばいいのだと気がついた

ときは、後の祭りで、焦ってまた「ページ設定」を呼んだりなんだり、思いつく限りのことをし、ジタバタしたため、いくつ前の作業に戻ればいいか、わからない。

先生のひとこと まず、キーの暴走について。これはやはり、キーがなにかのかげんで押されたままになっていたのでしょう。埃やごみがたまると、押されたまま戻らなくなることもあります。キーボードは掃除した方がいいのです。よくカバーをつけて、埃やごみが入らないようにしていましたが、使い勝手がよくないので、キーボードは消耗品だと思っておいていいのかも。

　それと、余白の部分にカーソルが行ってくれないというのは、画面の上にあるインデントを調整するバーをいじってしまったのかも。いずれにしても、こういう場合は「別名保存」でテキスト形式に保存しなおすこと。そうすれば、ついてしまった属性がとれます。

　なおも、あれこれやってみて、このとんでもなく横に長いのは、「Web レイアウト」なるものになっているがためらしいと、知るに至った。Webって何だっけ。Web 文庫とか、聞くけど。

　パソコンは全体像を知る必要はない、使うところだけでいいというけど、自分がいま直面しているトラブルが何なのか、メニューバーのどれと関係しそうか、見当をつけるには、ある程度の全体像と、その中における位置付けを、つかんでおかねばだめなのか。

　それには、600ページもあるマニュアルを、一度は最後まで通読する？　いないだろうな、そんなことしている人は。

　パソコン使用者には、自明の理に属する略語（？）にも、後発のスターターとしては、悩まされた。

原稿を送るのに、アドレスを聞くと、ファックスにアドレスとともに、
「テキスト形式で送って下されば、問題ないと思います」
　との注がしてあった。テキスト形式？
　私はそれが「送信」方法のひとつかと思い、アウトルックエクスプレスの中に、「テキスト形式」なる選択肢を探した。でも、「送信」そのものではなくて、それ以前の、文書を「保存」する段階で「テキスト形式」を選んでおけ、ということだったのですね。
　そう理解するまで、少しく期間を要したのでした。

パソコンで変わったこと

　パソコンに移行し、変わったことは。
　メールが来るようになった。
　アドレスを公表していないので、不思議だったが、原稿をメールで送ると、相手方に自然と、私のアドレスがわかるらしい。
「Re. 原稿送付」
　というメールが届いていることが、別の人に送信しようとして、わかる。どれもだいたい「Re.」なんとかで、受け取ったメールには、そのタイトルに Re. を付けて返事することが、ネット界のマナーとなっているらしいことを学ぶ。

先生のひとこと

　マナーの問題ではなく、「返信」という機能を使うと、自然と Re. が付くんです。相手方にアドレスを知らせていなくても、返事が来るのも、同じ機能によります。

6. 第一段落合格

　内容はだいたい、原稿たしかにいただきました、ありがとうございますというお礼と報告。ファックスのときは、受け取りの知らせが来るところの方がうんと少なかったから、これは、ネット上での方が礼儀がよくなったとも言える。

　はじめのうちは、そんなメールが受信トレイにたまっているとも知らず、また、正しく送れているかどうか、到着していても読めるかどうか不安で、送信の後、いちいち、

「いましがたメールでお送りしました、届いていなかったら、ファックスか電話でご一報下さい」

　とファックスするという、相変わらず「白ヤギさんから黒ヤギさん」みたいなことをしていた。

「字詰めや向きなど、こういう設定で送るともっとよい、のようなことがあったら、お教え下さい」

　などと付け加えていたのだから、われながら、かわいいものだ。そういうのが、受け手の方でキーひとつによって変えられるのが、パソコン通信の利点なんだってば。

　締め切りが続き、原稿の送信がさかんなときは、日に1通か2通来るときもある。ちょっと前までは、「ニフティからのお知らせ」のみで、ニフティ専用の受信ボックス状態と化していたわがパソコンとしては、画期的だ。

　この私が、日に1回はメールチェックするようになってしまった。

　留守番電話の録音と同じで、

「4件です」

　と数を機械から告げられるときは、

「えー、四つもリアクションをしなけばならないことがあるのか」と、億劫さが先に立つが、まったく無しでも、物足りないような。

そう感じかけている自分に気づき、ぶるるんと首を振った。いけない、いけない、依存症になる。読書や料理や家計簿付けや歌舞伎ビデオ鑑賞など、いろんなことに気のある私は、メールに時間を費やす人になりたくないのである。

「送信」についてもうひとついえば、あまりに一瞬の出来事なので、ほんとうに送れたのかどうか、心もとない。同じことは文書の「保存」についてもいえる。ワープロは何ごともスローだったので、

「ふむ、やっとる、やっとる」

と、実行中であることが、時間の経過からも、確認できた。

私が当初、期待以上だと思えた、漢字変換に関しては、いざ業務上使いはじめると、意外と賢くないと感じる。

食べ物屋に関する原稿を書いていたのだが、かいてんじ、と打てば、開店時と表記したくならない？　ふつうは。それが、開店字となる。卓上花も、卓上化。卓上花も一般的な言葉ではないかも知れないが、卓上化は、もっとヘン。前後で判断してくれといいたい。

また、私の癖としては、6行くらいいっきに続けて打ってから、まとめて変換したい方なのだが、それだと、変換の区切りに間違いが多くなり、結局ひとつひとつ直していかねばならず、かえって非能率的とわかった。

同じ Microsoft 社だからと、深く考えず Microsoft　IME を採用していたが、日本語変換効率は ATOK の方が優れているとも聞くので、パソコン移行後3週間余りで、そちらに変えることにする。

英数、カタカナの出し方、変換候補の決定の仕方などが、多少違うが、Microsoft　IME にどっぷりつかる前だったので、乗り換えに際しての「傷は浅かった」という感じ。

3週間もいじっていると、前は何のことやらちんぷんかんぷんだった

メニューバーも、
「あ、このことなら、『ファイル』かな」
「このことなら、『編集』か、さもなくば『挿入』かも」
　と、少しずつ当たりがつけられるようになってきた。メニューバーをクリックしてコマンド一覧を表示し、どんなことができるか参照するだけなら（Web レイアウトにしてしまったときのように、コマンドそのものをクリックしてしまわない限りは）、何べん表示させても、問題ないこともわかった。
　手当たり次第キーを押しまくっては、毎回毎回自爆していたサル状態からスタートしたことを思えば、
「これで、第一段階はクリアしたな」
　という感じだ。長い道のりであったが、おっかなびっくりながら直立歩行にまではたどり着けたと、みなしてよかろう。
　次は、道具を使いこなす段階だな。
　例えば送信。今はデスクトップ画面からアウトルックエクスプレスを起動し、いったんオフラインにしてから、メールを作成、アドレス入力と、ひとつ覚えの方法でしているが、場面に応じ、いろいろな方法を駆使できるようになりたい。
　ふたつ以上の文書＝ファイル間で、文章を複写したり、入れ替えたり。すなわち「編集」ですね。
　それから、単行本をつくるとき、必ずやすることになる、異なる保存先から文書を抜いてきて、ひとつの FD にまとめる作業とか。こちらは「管理」になるのかな。
　あー、それからインターネットも。私の住む市の図書館も、探している本があるかどうか、個人の家のパソコンから、調べられるようになったと聞いた。それから、仕事先からプリントアウトしたのをもらうのだ

が、羽田なら羽田へ行くとき、どの乗り換えルートが所要時間が短いか、何時発の電車に乗ればいいかなどを、案内してくれるシステム。あれはぜひ、利用したい。
　ワードのマニュアル本と同じシリーズ、ウィンドウズの『パーフェクトマスター』も買ってきた。

7. さらなる飛躍をめざして

　パソコンにはだいぶ慣れた。文書も、字が突然ゴシック体になったり、カーソルがどうなだめすかしても、思いどおりのところに行ってくれなくなったりといった事態はまだときどきあるが、なんとか打てる。
「これをしたいなら、メニューバーのこのあたりをクリックしてみれば、関係することが出てくるのでは」
　といった、見当もつきはじめた。
　文書を打つ、メールで送るといった、最低限の目標は達成でき、今は日常業務となっている。
　そういえば、パソコンがうまくなるのに反比例してか、オフィスアシスタントのイルカと遭遇する回数も、めっきりと減ったなあ。このひと月くらい、見ていないかも。
　あいつは、人がつまづいたときに限って現れ、たいして手助けもしないくせに、せせら笑うという、憎きやつだったが、創成期をともにした存在として、今となっては懐かしい気も。でも、もう出てこなくていいからね。
　第一段階は、とりあえず終了。パソコンにはじめてさわったサルのジタバタぶり、初心者を卒業した人は、さぞかったるかったでしょうが、呆れずに（呆れながらも？）お付き合いくださり、ありがとう。
　第二段階では、同じことをするのでも、効率的な方法を知り、もっと便利に使いこなしたい。また、文書作成、送信の他にも、日頃別のツールでしていることで、パソコンでよりよくできることがあれば、それも

覚え、自分にとっての「お役立ち度」をさらにアップさせたい。

　ここからは、スピードもアップして、パソコンを使いながら感じた疑問、困った点を、先生にどんどん聞いていきます。私の質問は「サル」、先生の答えは「先生」。

　さらなる飛躍をめざして、さあ、第二段階スタート！

文書作成をより効率的にし、ファイルを上手に管理する

　サル●　記号をもっと手っ取り早く出す方法は、ありませんかい？　掛け算の×みたいな、単純なやつを。

　今はマニュアルに示されていた方法＝メニューバーの「挿入」から「記号と特殊文字」を選び、「記号と特殊文字ダイアログ」を表示させて、その中から探しているけど、まだるっこしくてしょうがない。

　このダイアログ、クロスワードパズルの枠のように、縦横にべたっと記号が並んで出るので、すごく見にくい。たかが×1個のため、何でこ

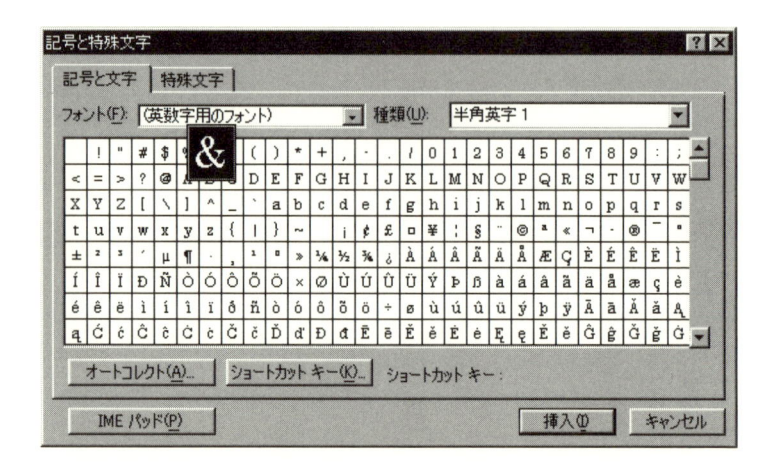

んな、めったに使わないような記号まで、いちいち目にしないとならないの。

先生🖼 日本語入力ソフトはATOKを使ってましたね。その中の「文字パレット」って使ったことありますか？ ツールバーにある、絵の具のパレットの絵のアイコン。あ、そのワードのマニュアル本では、Microsoft IMEを基本に書いてあるから、ATOKのツールバーについては説明していないのか。

　文字パレットの記号表は、括弧、矢印、点などと分類されています。

　記号の中には、漢字を出すときと同じように、読みを入力し、変換候補として出るものもあります。「かける」とやってみると……今の状態では、14の候補の14番め。これも、たるいかな。

　ツールバーの「文字パレット」は、他にもいろいろ使えるから、覚えておこう。

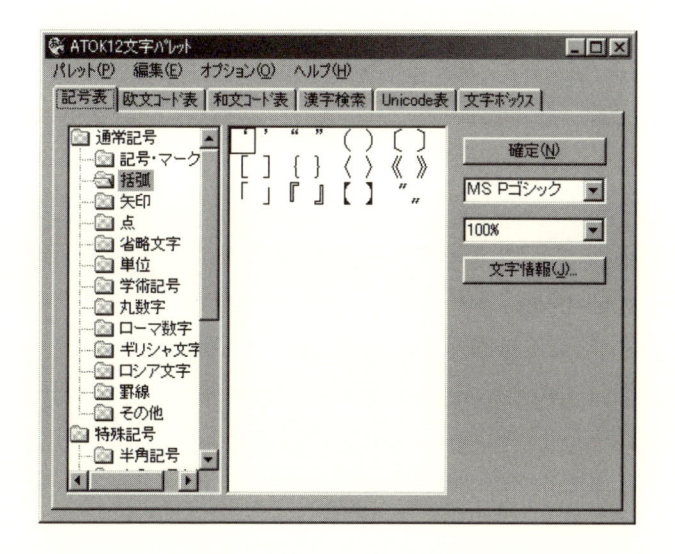

関連事項＝漢字の出し方

サル 漢字も、なかなか出ないものがある。この前、いとへんに「旬」と子どもの子と書く「じゅんこ」さんて人宛てに文書を送信するのに、「じゅん」で変換できなくて、姓だけに様とくっつけて、送ってしまった。

先生 それも、「文字パレット」で出せます。「文字パレット」の中の「漢字検索」を選択し、部首の欄にが「いとへん」と入力、次いで読み欄に「じゅん」……あれ、出ないか。

　画数から調べましょう。いとへんを入れて、えーと、11画から15画くらいにしておこう。正確にわからなくても、「範囲有効」にチェックマークをして、11～15で「検索」すれば、アバウトでも引ける。数え方、

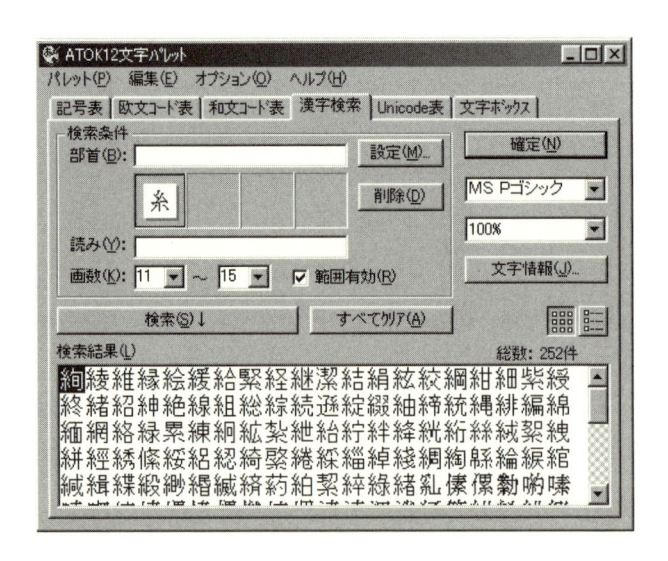

結構ややこしいから。

　絢。ありました。「確定」をクリック。

関連事項＝登録

先生　次回からはもっと楽に出すため「登録」をします。絢1文字で使うことはなさそうだから、絢子で。

　登録したい単語、ここでは絢子を指定し（サル注：ドラッグで白抜きにする）、ツールバー中の単語帳の絵をクリック。これが「単語登録」のアイコン。

　単語欄にはすでに絢子が入っているので、読み欄に「じゅんこ」、品詞欄は「固有人名」をクリック。

　これでもう次からは、じゅんこと入れて、変換候補のひとつとしてふつうに出ます。

　漢字だけでなく、記号も、もちろん単語も登録できる。お付き合いのある会社名を登録しておくという使い方をする人も多い。「ま」でMicrosoft社とか。

　でも、それはよし悪しで、「ま」と入力するたびいちいち変換候補にMicrosoft社が出てうざったい、ということにもなる。せめて「まいく」くらいにするとか、あまり短い音では登録しない方がいいかも。

　記号は「文字パレット」の「記号表」の方が、はるかに見やすい。「記号と特殊文字のダイアログ」も分類らしきものはされているようだけれど、あそこから探すのは、非効率的。

「漢字検索」には「文字情報」というものもあって、絢で確定後、文字情報をクリックすると、絢についての情報が出る。私はそれで、正しい読みは、音がケン、訓があやであること、画数は12であることを知った。賢くなった気分！

　ワープロ、パソコン批判のひとつに、
「辞書を引く習慣がなくなり、バカになる」
　というのがあるが、必ずしも当たらないんではないかな。
「登録」には、さっそくふたつを登録した。文章内では……をしばしば使う。「てん」と入力しても候補のひとつとして…は出るが、…と1文字ぶんで用いることはまずなく、ほとんど……と2文字ぶん。

　なので……を登録。読みは、「てん」だと、点、店、天などに混じって表示され煩雑だから、「てんて」で登録した。

　同じように、――も「せんせ」で登録。
　すっと出せて、これだけのことでも、すっごく爽快！

サル🐵　ワープロのソフトはワードを使っているのですが、●（クロマル）―――などの箇条書きのとき、エンターキーを押すと、次の行頭にも入力していないのに●が来て、位置もパソコンが勝手に決めてしまい、ふつうに書きはじめたいとき、「もう●はいいんだって！」と叫びたくなる。いちいち直さなければならず、かえって手間が増える。

　パソコンの「小さな親切、大きな迷惑」の典型。やめさせられない？

先生📖　たしかに、「よけいなお世話」といらだつときも。メニューバーの「書式」から「箇条書きと段落記号」を選び、箇条書きは「なし」の設定にしても、うーむ、やっぱり●の後の行は字下げしてしまうな。
　「ツール」の「オートコレクト」の方は、どうなってるだろ。「入力オー

トフォーマット」の「箇条書きの始まりの書式を前と同じにする」にチェックがついているので、それをはずすと、お、ふつうに改行できるようになった。

すっきりしたー。でも、
① ———
② ———
と箇条書きにしていくとき、「さん」と入力しなくても、改行だけで、次に来るべき丸数字を自動的に出してくれるのは、便利でもあった。

　設定を切り替えるところが、「ツール」の「オートコレクト」の中にあることがわかったので、状況に応じ、オン、オフを使い分けよう。

サル コピーや貼り付けはできるようになりました。それを異なるファイル間でもすることはできないの？　別の文書（ファイル）の一部を流用したいときなんか。

先生 できます。作業中の文書を開いたまま、別の文書も呼び出して、同じことを行えばいい。

　岸本さんは、作業中はそのファイルを「最大化」させて画面いっぱい表示し、何か他のことをしたいときは、律儀にいちいち閉じているようですね。ワープロ時代の癖かな。

　あっちでもこっちでも、いろんなファイルを開いてもいい、開けるのが、パソコンの便利なところで、ウィンドウズの名の由来でもあります。

サル 長くなった文書をふたつに分ける方法はありませんか。ひとつ

だと、何かのミスで消しそうで、おっかなくてしようがない。

先生🙂　これは人によっていろいろな方法をとっているようです。

　まず、石橋を叩いて渡る人。作業中の文書（文書1とする）をまるまる範囲指定し、「コピー」して、「ファイル」から「新規作成」を選択。新規作成のダイアログから「新しい文書」を選び「OK」。それで開いた、まっさらな文書（文書2）に「貼り付け」。同じ内容の文書がふたつできるので、それぞれから、不要部分を削除する。

　別の方法では、「切り取り」「貼り付け」を使います。文書1中の、別の文書に分けたいところを「範囲指定」し、「切り取り」し、さっきと同じ手続きで開いた文書2に「貼り付け」。ひとつ前の質問と関連しますが、コピー同様、「切り取り」「貼り付け」も、異なる文書間でできるのです。

　これだと、「貼り付け」後、それぞれの文書から不要部分を消す手間がない。効率はいいけれど、切り取られた部分が一瞬でも消えるのは、ビジュアル的に怖いという人もいる。画面からなくなっても、クリップボードというところにちゃんと積まれるので、まずだいじょうぶではあるけれど、安全性は「コピー」の方がまさるかな。

　でも、こういうケースもありますよね。「ここから下は別文書に」といったわかりやすい割り方ではなく、ところどころ抜き書き的に移したいとき。

　「コピー」を使うと、元の文書の重複箇所をひとつひとつ拾って消していかないといけないから、煩雑であるだけでなく、間違いも起きやすい。そのときは「切り取り」の方が安全かも。

　いずれにしろ、何らかの形でオリジナルの文書は取っておく方が、後々のためにもよいでしょう。

関連事項＝全文書指定のショートカットキー

先生 範囲指定はふつうドラッグでしていると思うけれど、さきの一文書まるごとコピーのようなときは、クリックしたままずっと下まで引っぱっていかねばならず、ちょっとたいへん。

　全文書指定というショートカットキーがあるので、それだと楽です。Ctrlキーを押しながらA、ALLのAですね、を押すと、一瞬にして白抜きになる。

　岸本さんは、ひたすらマウスで操作しているけれど、ショートカットキーも、慣れるとその方が早いものもありますよ。

　コピーの Ctrl + C、貼り付けの Ctrl + V、切り取りの Ctrl + X なども、マウスを動かしポインタをメニューバーの「編集」のところまで持っていってから、「編集」の中の「コピー」をクリックと、何段階も踏むより、スピーディーです、たぶん。

　指示を出した次に、貼り付け先にカーソルを移す、画面上の「動作曲線」を考えても。

　例えばさっきの、文書をふたつに分ける前段の、まるごとコピーを、ショートカットキーでするなら、

　Ctrl + A → Ctrl + C → 文書2を呼んで→ Ctrl + V

　となります。

サル 文書が消えることをもっとも恐れる私。まだときどきミスタッチをするので、取り返しのつかないことをしやしないかと。

　折にふれて意識的に「上書き保存」はしているけれど、その他に文書を守る方法は？

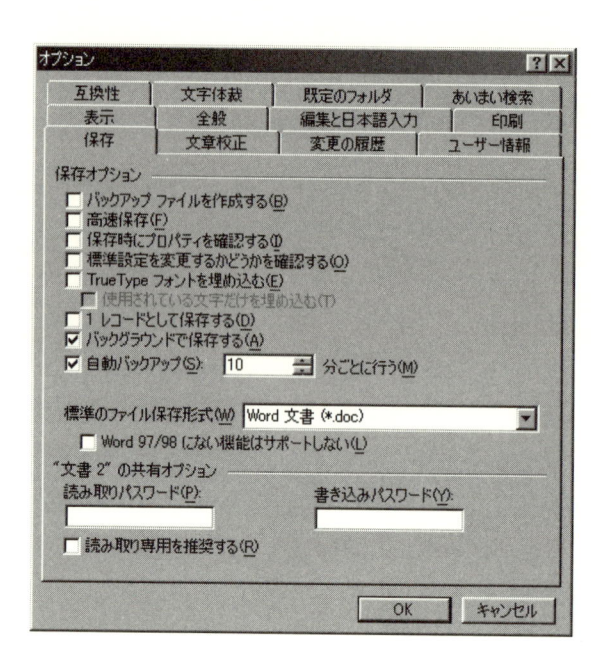

先生🖂　1回のミスタッチで完全に消滅することは、あまり考えられないけれど、次のような方法があります。

- 「アッ」と思ったら即、Ctrl+Zを押す。ひとつ前の状態に戻すというショートカットキーです。すなわちミスタッチのぶん、帳消しに出来る。
- あらかじめ、複数のファイルに分けて作業する。何かあったとき、作業中のファイルがだめになっても、別ファイルにしておいた部分は、無傷ですむ。
- とにかく何らかの作業をしたら、名前を付けて保存する。これだと、分けておいた部分でなくても、ひとつ前の状態までは残っているから、安全性はもっとも高い。でも、ファイルの数が膨大になって、管理の方でミスをする危険もありますね。古い方は削除しようとして、間違って

新しい方を消してしまうとか。

関連事項＝「ツール」を使って

先生 「ツール」中の「オプション」のダイアログを開くと、「保存」という項目がある。岸本さんのでは、「自動保存」にチェックマークが付いて「10分」ごとにとなってますね。自分で「ファイル」のところにポインタを持っていって、「上書き保存」の指示を出す他にも、知らないうちに10分ごとに、上書きされていたんです。

　それから、同じく「ツール」中に「変更履歴の作成」なるものもあります。
「どこをどういじったか、わからなくなりそう」というとき役立つ。
「変更履歴の作成」にもいくつかの方法があり、「変更箇所の表示」。これは、加筆修正個所が赤で示され、消したところも、文字の上に赤線が引かれたかたちで残るので、一目瞭然といえば瞭然。でも、常にオンにしておくのは、赤ペン先生にしじゅう監視されているみたいで煩わしいかも。

　同じく「変更履歴の作成」中の「文書の比較」は、別名で保存した文書を呼び出して参照するためのもの。

　使うか使わないかは別として、「こんな機能も入ってますよ」との紹介まで。

サル クリックひとつで、ハードディスクDとFDに同時に保存することは、できないの？　保存先をふたつにしておけば、より安全性は高まるだろうけど、「上書き保存」するたびに、FDへコピーするのは、煩

雑過ぎて、現実的でないし。Dに「上書き保存」すると、自動的に、FDの方にも上書きされればいいのだけれど。

先生🙂　残念ながら、それはできない。1回1回 FD に直に落とすか、D に保存してからコピーをするかしかないですね。

　　　　　　　　心配性な私としては「ツール」中に「自動保存」なる機能があると知って、早速「5分」に設定し直しました。10分では足らん、と。
　　いろいろ聞いて、わかったのは、
「完全なる安全というものは、ない」
　ということ。
　次善の策としては、アナログなようだけど、紙に印刷しておくことでしょう。
　私は書き終わった文書については、Dに最終の「上書き保存」をするとともに、その場でプリントアウトしています。パソコンの外に、物(ブツ)として出しておく。
　加えて、FD にもコピーしておけば、保存先が三つになり、よりよいだろうが、また、はじめの頃はそうしていたけれど、面倒なので、Dと紙のみになった。
　確かさでいえば、紙＞FD。FD は破損したら終わり。
　破損というと、ばりんと割れるイメージがあるせいか、
「ンなこと、めったにないだろ」
　とタカをくくりがちだけれど、いえいえ、そうではありません。前に、何かの本の刊行の遅れを詫びるお知らせに、「FD に梅酒をこぼしたため」とあって、他人事ながら泣けました。書きあげた満足感にひたるた

め、梅酒を入れたグラスを、パソコン机に持ってきて傾けたいって気持ち、わかるではないか。

そんな日常的な状況で、破損することだってじゅうぶんあり得る。

印刷すればするで、

「先方に送るまでの間に、もし、火事になったら紙も失われてしまうのだ」

と考えはじめ、落ち着かなくなってきて、締め切りには間があるのに、早々と送信してしまい、その上さらに通販のカタログの「耐火金庫」の性能を調べたりする私。そうなるともう、心配性を通り越し、強迫神経症ですね。

作業済みの文書は、プリントアウトすることにより、とりあえずリスク分散できるとして、悩ましいのは作業中の文書。それまでいちいち印刷していたら、紙とインクの無駄づかいになる。

いや、完全に限りなく近い安全を求める人は、その無駄をも厭わないのかも。対して私は、フロッピーにいちいちコピーするのも面倒に感じる。

安全は、手間と無駄と引き替えに得られるものなんですね。

サル🐵 素朴な質問。印刷中に、別の文書を開いて、作業できるの？

先生 できます（と、あっさり）。

サルのひとこと　印刷が終わるまで、キーひとついじらずじっと待っていた私でした。

8. ファイルがすっきり片づいた

　前回は文書作成をより効率的にする方法を学びました。そうして作ったファイルをいかに上手に管理するかが、ここでの課題。日常生活においても収納下手の私は、どこまでできるか？

サル　ワープロ時代に打った文書の FD は、業者に頼んで、パソコン用に変換済みです。
　ところが、その FD をパソコンに入れて、作業しようとすると、文書が読み込めなかったり、読み込めてもページ設定がうまくできなかったり、はなはだしくは「変換に失敗しました」みたいな知らせが画面に出て、どうもデータとしての安定性を欠いているよう。
　なんとかできない？

先生　それは、FD のみに入ってるんですか。だったら、パソコン内部に保存した方がいいですよ。この場合の FD は、あくまでワープロからパソコンへの中継点と考えて。
　FD を入れて、「マイコンピュータ」で「A」の「3.5インチ FD」を開く。同じ画面に「D」も開いて、そこにコピーするとハードディスク D に保存されます。

サル　あ、それをする前に、ハードディスク D の中が、すでにしてかなり込んできているんです。その上、どっと移すと、わけわからなくな

りそう。

　不安なのは、そのくせ、新規に作成した文書を、「ファイル名を付けて保存」するとき、「保存先」に「D」を指定しても、出てくる文書の数が、妙に少ない。もっと打ったはずなのに。どこ行ったの？

先生🖳「保存先」として「D」を呼んだときは、ファイル名は、全部は出ません。
　「マイコンピュータ」から「D」を呼べば、すべての分書が表示されるはずです。
　やってみると……わ、これは、表示されることはされるけれど、かなり見づらい状態。整理しましょう。
　メニューバーの「表示」をクリックすると、「大きいアイコン」「小さいアイコン」が選べる。今は「大きい〜」になっているから「小さい〜」にすると、それだけでも、一覧性が高まります。でもまだ、探しにくい。
　同じ「表示」メニューの中の「一覧」をクリックすると、ファイル名のアルファベット順、かな、カタカナ、漢字の順に、かな、カタカナ、漢字の中でもそれぞれあいうえお順に、並びます。
　いや、日付から探したいんだというときは、「アイコンの整列」にポインタを合わせると、「名前順」「種類順」「サイズ順」「日付順」など、いろいろ選択肢が出る。「種類」というのは、テキスト形式とかワード文書とかのこと。
　並べ替えは瞬時にできるから、用途に応じて、使い分けましょう。
　あと、やはりいっしょに出るメニューで、「詳細」ってありますね。
　これは、一覧した状態で、各文書についての情報、サイズ、種類、更新日時が示されるから、便利。

サル😼 ここでいうサイズって、なんとかバイトのことか。私にとって重要なのは、何字詰め×何行かの方なんだけど。連載など、前に関係した文書を打っていて、その書式にならいたいときって、ありますよね。そのとき、前の文書をいちいち開いて、

「何ページの何行までいってるかな」

　と、ずーっとスクロールして確かめるのは、あまりに地道。

　開かずに確認する方法、ないですか？

　ついでに言えば、内容も一覧状態のまま、参照できれば。ワープロのときは、各文書の桁数（1行に何字詰めか）、行数、それに最初の1行が、目録に出て、それがずいぶん役だった。

先生😊 基本的には、開かないと無理。別ソフトであるらしいけれど、それを取り付けない限りは。

　前の文書の、だいたいの字数は、いちばん下までスクロールしなくても、わかる方法があります。開いてから、メニューバーの「ツール」、その中の「文字カウント」をクリックすると出ます。あくまで開いてからになるけれど。

　余談だけど、サイズに関しては、メガバイトとかギガバイトとか、なじみのない言葉が飛び交いますよね。僕なんかも「400字で何枚」と言われないと、ボリューム感のつかめない方だから、ピンとこない。

　でも、若い編集者は、

「あ、それなら、なんとかバイトくらいですよね」

　と、そっちの方に換算し直すやつがいて、

「いやー、新人類だな」

　と感じます。

サル この一覧、印刷できないの？ しつこいようだけれど、ワープロでは目録印刷ができて、文書を管理する上で何かと便利だった。

先生 できますよ。ファイル一覧を、ひとつの画像としてファイルにして、ワードに貼り付け、プリントアウトします。

　ワードでもいいけど、「ペイント」ってソフト、使ったことありますか？　ちょっとした画像やデスクトップなんかをコピーする際に、便利なソフト。スタート→プログラム→アクセサリ→ペイントで起動する。

　ファイル一覧を表示させたまま、Alt＋PrtScrを押すと、一覧が画像としてメモリの中に記憶されるので、ペイントを開き、メニューバーの「編集」の中の「貼り付け」を選択。

　岸本さんのパソコンでは、PrtScrはInsキーに青字で載ってるのか。キーの上の、青字の機能の方を使いたいときは、Fnキーを押しながらそのキーを押す。Alt＋PrtScrは、Alt＋Fn＋Insですね。

　で、貼り付けしたら、それを通常に印刷します。

先生 ここまでは、どんな文書が入っているかつかんでおく方法として「表示」を説明しましたが、そもそもの、ハードディスク「D」の中が込み合ってきたという問題について、解決をはかりましょう。

　岸本さんは、今は全部ファイルの形で保存していますね。だから、すごく多くなって、ごちゃごちゃしている。

　共通点のあるものは、フォルダにまとめます。たとえば、日経新聞の連載なら、「日経12月×日号」「日経1月×日号」と1回1回別々のファイルにしてあるのを、「日経」とひとくくりにする。

　フォルダを作るには、次の手順を踏みます。

画面に「D」のウィンドウを開いてますが、そのメニューバーの「ファイル」から「新規作成」、「フォルダ」をクリック。
　ウィンドウ内に、岸本さんのいう紙ばさみの絵のアイコンが現れ、下の枠内に「新しいフォルダ」と字が出ている。これに、名前を付ける。枠内に名前を入力します。「日経」というフォルダができた。一覧表示のいちばんおしまいに、くっついてますね。
　次に、一覧表示されているファイルのうち、このフォルダに入れたいものを選択する。「日経12月×日号」をクリックして、「日経」にドラグすれば、「日経12月×日号」のファイルが消えました。「日経」フォルダ内にしまわれたんです。
　複数のファイルを、まとめて移すこともできる。「日経1月×日号」「日経2月×日号」「日経3月×日号」と、コントロールキーを押しながら次々とクリック。全部青色に転じますね。
　ドラグするには、青色に変わった三つのうち、どれかひとつにポインタをひっかけ引っ張れば、三つとも移動します。「日経」まで持ってきて、離す。
　三つとも一覧から消えました。
　これだけでも、少しはすっきりしたはず。

　元のように、解体したいときは、それと逆のことをします。
「日経」フォルダをダブルクリックして、中身を表示させます。「日経12月×日号」「日経1月×日号」……と、今しまった四つのファイルが並んでいる。
　一方に、「D」を開いて、ドラッグ＆ドロップでそちらにファイルを移します。

関連事項＝日本語ソフトをキーボード操作でオンにする

先生🗨 岸本さんはカナ入力だから、フォルダ名を付ける際にも、日本語ソフトをオンにしないといけない。

　オン・オフはもっぱらツールバーで切り替えているようだけど、こういう作業中は、キーボードでする方が早い。

　Alt ＋漢字キーで切り替えます。

関連事項＝エクスプローラでファイル管理

先生🗨 ここでは、「マイコンピュータ」から「D」を開いて、「D」内のファイル整理をしましたが、必ずしもその手順でなくても、同じことができます。

　ファイルを管理するためのプログラムとして、「エクスプローラ」というのがあります。「スタート」から「プログラム」、その中の「エクスプローラ」を選択する。

　左側に、フォルダが表示されますね。頭に「＋」が付いているのと「－」が付いているのがあって、「＋」は「ここには表示していないけど、この中には、さらに細かく分かれたフォルダがあります

よ」ってサイン。「－」は、「ここに表示されているのがすべてです」と。
　例えば、「D」の頭には、今「＋」が付いているけど、クリックすると、「日経」フォルダが出て、「＋」は「－」に変わった。この中にはもう、フォルダはないと、わかります。

　右側には、今たまたまハードディスク「C」の中身が表示されているけれど、左側の「D」をクリックすれば、「D」の中身が、右側に出ました。ファイル名が並んでいますね。
　ファイルをフォルダに格納する、あるいは、フォルダから出して「D」にじかに置くのには、さっきみたいに、フォルダと「D」を別々に開いて、その間で移動やコピーする方法もあれば、「エクスプローラ」により、二つを同時に開き、右側と左側とで、やりとりする方法もあります。
　フォルダの新規作成も、「エクスプローラ」でできますよ。
　左側で「D」をクリックし、右側に「D」の中身を表示させておいて、メニューバーの「ファイル」から、「新規作成」、「フォルダ」とクリック。右側の「D」内に、さっきと同じように「新しいフォルダ」と書かれた、紙ばさみマークが出ました。

　さて、「D」内のごちゃごちゃが、そこそこ片づいたところで、フロッピーの中の文書を、「D」におさめるわけですが、すでにサルならぬ岸本さんには、どういう作業をするか、ある程度、予測がつくでしょう。
　基本的には、今やったファイルをフォルダにおさめる作業と同様。
　ワープロから変換したフロッピーに、1からはじまる通し番号をふってあるようですね。
　フロッピー1をパソコンに入れ、「A」を呼んで、中身を一覧表示しま

す。ファイル名がずらっと並ぶ。
　一方に「D」を開き、フォルダを新規作成して、仮に「フロ1」と名付けましょう。
　「A」の中身を、キー操作で全部選択、Ctrl＋Aでしたね、で選択し、ドラッグ＆ドロップで「D」内の「フロ1」フォルダに移動。
　これだと、パソコンで打った文書といっしょくたにならず、わかりやすいでしょう。
　同じことは、「エクスプローラ」でもできます。いましがた説明した手順で、「D」内に「フロ1」なるフォルダを作り、右側に「A」の中身を呼んで、ドラッグ＆ドロップする。

サルのひとこと
私は早速、実行しました。業者に変換してもらったフロッピーのまま保存していたワープロ時代の文書を、教わった方法で、すべて「D」に保存。「D」の中には、「フロ1」「フロ2」……と名付けた紙ばさみマークが並んだ。
　試しに呼び出してみると、うん、ちゃんとそれらしき文書が出てくるわい。
　ここまでしておけば、もうだいじょうぶでしょう、同じ文書をワープロでいじくることはもうないでしょうというわけで、ワープロはめでたくお役目終了。パソコンで文書を打つようになってからもなお、まさかの時に備えて、パソコンとワープロ、2台が並んだ状態が続いていたけれど、その週の「不燃ゴミ」の日の朝、思いきって収集に出し、長きにわたったダブル状態が、ようやく解消されました。念のためにととっておいた、変換前の、ワープロ用フロッピーも、お払い箱にした。
　机の上が、急に広々したような。
　壊れそうなワープロをなだめすかし使いながら、すでに製造中止にな

ったワープロを探し回っていた頃、電話帳の中古品屋の番号に、目をらんらんとさせながら、
「今、この地上のどこかで、用済みのワープロを処分しようとしているあなた！　捨てないで！」
　心の中で、そう悲鳴のように叫んでいた自分を思うと、ためらいはなくもなかったが、それ以上に、すっきりした感の方が強い。人ってホント、「喉元過ぎれば熱さを忘れる」もの。
　かくして、私は名実ともに、完全にパソコンへの移行を果たしたのです。

9. メールの常識、非常識

サル 受信したメールを、後でゆっくり読むには？ 「オンライン中です」のままだと、その間ずっと、電話回線がふさがれてしまうんですよね？

先生 それはおおいなる誤解。電話回線を使うのは、ダイヤルし、メールを「取りにいっている」間だけです。

受話器からの音で確かめました。新着メッセージのチェックが終わると、「オンライン中」の表示が出ていても、電話はかけられるんですね。
　　　ちなみに、私のは、送受信がすんだら切断する設定になっている。メニューバーの「ツール」→「オプション」をクリック、「接続」なるタブがあるので開くと、「送受信が終了したら切断する」の頭の四角に、チェックマークが付いていた。

サル 受信した相手のアドレスを、そのままアドレス帳に登録する方法はある？ 今はアドレス帳に「手動」で打ち込んでいます。

先生 ありますよ。
　受信トレイの中の、登録したい人のメールをクリックして青くし、メニューバーの「ツール」から「送信者をアドレス帳に追加する」を選べ

ば、はい、もう登録できました。

関連事項＝迷惑メールにご用心

先生 返信するとき、返信相手のアドレスを登録する設定もあります。「ツール」の「オプション」中の「送信」タブを開くと、「返信したメッセージの宛先をアドレス帳に追加する」とあるので、これにチェックマークを付けておくと、次からは自動的に。

サル メールを持っていることは確かなんだけれど、アドレスがわからない場合、調べる方法はあるんですか？
　というのも、前にこんなことがあって驚いた。パソコンを買ったばかりの頃、ただ「プロバイダと契約までしたんだけど、打てなくて」とだけ話した相手から、メールが来ていたのを、何か月も経ってから知ったんです。私本人でも覚えていないアドレス、どうやってわかったのか？
　電話の104番にあたるようなのが、ある？

先生 基本的には、調べる方法はないはず。あったら、たいへんなことになる。迷惑メールが来てしまって。
　その人は、どうしたんだか。同じプロバイダーどうしだと、可能なんでしょうか？　謎。
　いずれにしろ、相手から教わっていないのに送るのは、マナー違反ではないかなあ。岸本さんのように、メールをチェックする習慣がなかった（本人注：能力がなかった）場合、連絡した、しないのトラブルになりかねないし。

9. メールの常識、非常識

サル 迷惑メール。それはいちばん怖いこと。受信拒否ってできるんですか？

先生 受信トレイには入ってしまいます。防衛策としては、開封しないこと。特に覚えのない相手からの、添付ファイルのあるのは、開かずに即、削除する。ウィルスに感染して、データがだめになる恐れがあります。くわばらくわばら。

　ひと頃多かったのは、件名が「Re.　　」のもの。「Re.」の後が空白になっている。これは危ない。「返信なら、知った相手だ」と気を許し、うっかり開けてしまうことのないよう、注意しましょう。

サルのひとこと

その後間もなく、ほんとに変なメールが来たのです。ニックネームのような見知らぬ名で、件名は「お帰りなさい」だか「お疲れさま」だったか。いかにも発信人が特定しにくく、誰にでも通用するような。

先生からのアドバイスがあった後でよかった。開かないで消しました。愉快犯というのかな。世の中には暇な人がいるものだよ。

おかしかったのは、仕事相手からのメール。ふだんは会社から送ってくるのが、その日は自宅で働いていたのか、いつもと違うユーザー名。添付ファイルありなのが、よけい怪しまれ、開いてもらえないと困ると思ってだろう、件名は、「だいじょうぶな添付」。これには笑った。迷惑メールというものがはびこっていることを前提にしての、警戒心を解くための、苦肉の策といおうか。

でも、こういうネーミングで迷惑メールを送りつけてくる輩もいるだろうから、必ずしも「だいじょうぶ」ではない。注意の上にも注意だな。

サル🐵 送信すると、相手の画面には、こちらのアドレスが自動的に出るの？ だとしたら、「私のアドレスはこれこれです」と書かなくてすむ。
　というより、送った＝アドレスを知らせたことになるならば、上記のようなの一文を付け足すのは、面倒なばかりでなく、いかにもメールのことをわかっていないみたいで、間抜け。

先生📧 設定によります。
「ツール」→「オプション」から、「署名」タブを開くと。
　設定はまだみたいですね。
「署名」という枠の右側の「作成」をクリックすると、下の「署名の編集」枠が、白に変わります。そこに、入力する。
　メールアドレスの他、電話番号やファックス番号も入れる人もいます。
　これを、送信する相手全部に知られていいなら、「すべての送信メッセージに署名を追加する」の頭の四角をクリックし、チェックマークを付ける。そして、いちばん下の「OK」を。
　これで、次から、「新しいメール」をクリックすると、メッセージの作成」画面に、今の署名が入った状態で、出てくるようになります。
　メッセージの最後に、挿入されます。

サルのひとこと これは、いちいち書かなくてよくて、便利。
　ただし、後にいろいろな人に聞くと、署名を入れることに慎重な人もいるみたい。少なくとも、「すべての」に追加する設定はしないで、入れるものとそうでないものを選ぶとか。

また、私は電話とファックス番号も記したが、
「ええっ、それって危険じゃないですか」
と驚かれたことも。

受信者になったときは、メールをもらって、それに関し電話で相談したいとき、電話番号が入っていると、わざわざ調べなくてすむから、ありがたいけれど。「危険」という見方もあるか。

私は、仕事上の関係のある、住所も電話番号もすでにわかっている人との間でしか、送受信しないから、そのへんは割と無頓着だが、匿名性に基づくやりとりをする場合は、電話番号って、けっしてばれてはならぬものなのだろうな。

どこまで伏すかは、ケース・バイ・ケースということで。

あと、署名はいちばん最後に来るから、長いメールを送るときは、最初に「岸本です」と書きたくなる、というか、書くのが習慣化している。

受信トレイには誰からのか出るから、不要といえば不要なんだろうけど。

サル 雑誌で、メール上手の人のコメントとして、複数の人に送信したとき、「他の送信先まで、ずらずらと並んだまま送ってくるヤツって、バカなんじゃないかと思う」とあるのを読んで、ドキッとなった。

相手にも、全部表示されてしまうわけ？ だったら私、そんなこと何べんもしている。他に誰に送られたか、
「はっはー、岸本葉子は、どこ社の誰と付き合いがあるわけか」
と、おおげさにいえば、私の人間関係がもろにわかるわけで、赤面もの。

先生 「CC」に入れましたか？ それだと、表示されます。

知られたくなければ「BCC」に入れましょう。ブラインド・カーボン・コピーの略で、こっちなら出ません。

サル🐵 返信機能を使いたいけれど、受信したメールが全部出てきて、消すのが面倒。そのまま返すのは失礼な気がするし。地道に削除していくしかないんでしょうか？

先生📺 それも、設定次第。
「ツール」→「オプション」の「送信」タブをクリックします。「返信に元のメッセージを含める」の頭の四角にチェックマークが付いていますね。クリックして外せば、受信した文章は現れません。

サルのひとこと 元の文を含めるかどうかも、考え方が分かれるところ。
　まだ返信機能を使ったことがなかったときは、自分の送った文がそっくり載っていることに、びっくりしたし、こちらはビジネスライクに用件を書いているつもりなのに、数行おきに、
「ということは……でしょうか？」
「こちらとしては……と思ってほしくないのですが。……ですから」
　などと解釈なり、コメントなりを差し挟まれると、赤ペン先生に添削をされているみたいで、違和感があった。
　その調子でえんえん、引用プラス挿入が続くと、
「要するに、何が言いたいんだ、何が！」
　といらついてしまう。粘着質にからまれているようで、なーんか勘にさわるメールであった。
　神経質過ぎるかな。しかし、結論だけ言ってくれれば、目を通す分量

が、3分の1ですむのにな。

　ああいうのを送ってくる人は、そもそもメールを書くのが好きな人なのかも。その根本の違いが、違和感の元にあるのかも。

　はじめのうちは、返信機能を単に、
「宛先を入力するのが面倒だから、それを省くためのもの」
と思っていた。先生にも、
「どうして引用文を含めたくないんですか？」
と聞かれ、
「引用する必要を感じないからです」
と答えていた。

　が、その後、元の文があった方が便利と思うケースも出てきた。返信メールを、自分が受けるとき、特に。

　似たような件名のメールを、同日か次の日くらいの近接した時間内に送ってしまった場合、元の文が付いていると、自分が書いたどのメールに対してのリアクションかが、確認できる。

　また、こちらからの質問事項が、いくつにもわたる場合。
「あの件はこうこう、それから……についてですが、これに関しては……」
と、長々と返事が来るよりも、元の文のそれぞれの問いに、直接回答が付されている方が、わかりやすく、間違いがない。

　それやこれや思うと、すべての返信に元のメッセージを含めない設定は、考えものかも。
「返信には、元の文とセットなのがふつうになっていると、受ける側も、さして気にならなくなりますよ」
という人もいた。そうかもしれない。何ごとも「こういうもの」と思ってしまえば。

しかしそれも、元のメッセージ全体の前か後に、付ける形であればの話。送信文と返信文とが、部分的に入り交じると、読みにくいことは読みにくい。

元の文を含めるにしても「含め方」ってあるんでは？

サル 送信済みの文書を再送信する方法は？

送ったつもりだけど「届いていない」と言われ、もういっぺん送ろうとしたけれど、送信済みトレイから送信トレイの方へ移動させることができなくて、泣く泣く同じ文面を、一から打ち直したんです。

先生 そもそも「届いていない」というのは、どんなケースだろう。

アドレスが正しくなかったか、それともサーバーのコンピュータの状態で、すぐには送られなかったか。メールは瞬時に相手に届くとは限らず、時間差が生じるときがあります。

サル アドレスが間違っていたときは、受信トレイに、その旨の英語のメッセージが入ります。その場ではなく、ずいぶん後になってから。そのときも、メールは送信済みトレイの方に入るので、てっきり送られたものと思い込み、半日ほど気づかなかったりする。

アドレスが間違ってなかった場合には、数時間経って先方から「受信できました」と言ってくるので、結局時間差の問題だったとわかるけど、それも送信済みトレイに入ってしまうので、どういうケースか、判別つかない。「送る手続きは完了したけど、待機中」みたいなトレイがあればいいのに。

どっちにしろ、先方から「届いてない」と言われれば、「じゃ、もういっぺん送ってみましょう」となるのが人情だけど、そのとき、頑として

送信済みトレイから出てこないのは、困る。
　Aさんに送ったメールの一部だけ変えて、Bさんに送りたいこともあるんですよ。そういうときも、送信済みトレイから引っぱり出して、そこだけ打ち直せば、どんなにか効率的なのに。

先生 うーん、僕のパソコンでは、送信済みトレイに入っているメールをダブルクリックすると、また送信できるようになるけれど。岸本さんのでは、そうでないみたいですね。
　理論的には、次の方法で可能かも知れない。送信済みのメールを開き、もう一方で「新しいメール」を開き、コマンドオール、コピー、貼り付けで、全文貼り付け。それに新しい件名を付け、Aさんに送れば、送信済みのを再度送ったのと同じことになる。
　Bさんには、全文貼り付けしたものに、加筆修正を施して送れば、いいことにはなる。
　でも、かなり原始的。岸本さんにとって使い勝手が悪いようなら、アウトルックエクスプレスだけ、思いきってバージョンアップするという選択もある。

サル 送信した文書の一部を「コピー」して、ワードの既存文書への「貼り付け」をするのは可能？

先生 可能です。送信済みトレイを開き、一方にワードの文書を開いて、通常の文書どうしと同じように、「編集」メニューから、「コピー」「切り取り」「貼り付け」などをします。

サル アウトルックエクスプレスとワードとの間の文書のやりとりの

話になるけれど、送信した文書をベースに、ワードで加筆したいんです。

　私の仕事でいえば、編集者に「次はこれこれこういう内容でいきたいんですけど」と、メールでかなり詳細なメモ書きを作って相談し、「では、それでいきましょう」となったとき、ワードの方にまた一から打ち直すのは、なんか二度手間のようで。送信メッセージを、そのままワードに移せれば。

　先生☺　さきの、ワードへの「貼り付け」と同じ考え方でできるはず。

サルのひとこと　なーに、そんなまだるっこしいことしなくても、「メッセージの保存」でできるはずだよ、と思われる方もいるかもしれません。マニュアル本にも、メッセージをファイルとして保存する方法が載っていて、私もまずは、それに従った。

　アウトルックエクスプレスの画面で、保存したいメッセージを選択し、メニューバーの「ファイル」をクリックすると、なるほど「名前を付けて保存」なる項目がちゃんとある。

　クリックすると、「保存する場所」や「ファイルの種類」も指定できるようになっていて、保存先には、他のワード文書がしまってある「D」を。ファイルの種類は「メール」か「テキストファイル」を選べるので、「テキストファイル」にする。「保存」をクリックし、完了……のはずが。

「D」から改めてその文書を呼び出すと、ありゃりゃりゃ、ぴいひゃらぴいひゃら意味不明の記号の羅列、これが噂の文字化けか？　文字「化け」とはよく言ったもので、ほんと、狐につままれた気分になりました。

　何の問題かは知らないけれど、私のパソコンだと（パソコンにそんな

に「個体差」があるのかどうかはわからないが)、必ずそうなる。

あれこれやってみた結果、ファイルの種類を「メール」にすれば、化けないで、元の字のまま保存されることが、わかった。

ところがところが、それだと、呼び出すまではできても、編集はうまくいかんのですよ。

字詰めを整えたくても、出てきた画面の「ファイル」メニュー中に「ページ設定」なる項目そのものがないし、「編集」メニュー中の「切り取り」「貼り付け」なんぞも、機能しない。

たしかに「保存」はできるけど、それをベースに加筆、修正などのさらなる作業をするのには向かないみたい。

なので私は、アウトルックエクスプレス画面中の「保存」は使わずに、もっぱらワード文書に「コピー」する方法で、文書の互換をしておりやす。

サル● 逆パターンで、ワード画面の「ファイル」メニュー中にも、「送信」て項目、ありますね。

それでじかに送信したら、相手から「文字化けして読めない」と言われた。

しかたなくアウトルックエクスプレスを起動させ、別にメッセージを打ち、そこに添付する形にしたら、化けずに送れたようだけれど、いちいちそうしないといけないのだと、「送信」の用をなさないんでは。

受信者から言ってこない限り、文字化けしないで送れたかどうかわからないのも怖い。マニュアル本には「文字化けに注意しましょう」とあるけれど、そもそも「注意」なんて、できるもの？

先生☺ たしかに「注意」するのは難しいかも。

文字化けするかどうかは、相手の環境にもよりますからね。ワードどうしだと、たぶん OK なんだろうけど。
　テキスト形式にして、添付ファイルの形で送った方が、無難といえば無難です。

関連事項＝テキスト＋改行とリッチテキスト形式

先生　岸本さんのパソコンの中を覗いて、気になったのは、文書をみんな「リッチテキスト形式」で保存してますね。これ、何のことかわかりますか？
　テキストは、言ってみれば文字のみのデータ。そして、字の大きさや、太字にするなどの書体は、各ワープロソフト独自の指定になります。
　その指定を、統一したものの標準が、リッチテキスト形式。しかし、あくまで標準だから、相手先の環境によって、そのとおりに出るとは限らない。太字にしたつもりが、受け取った側の画面では、そうはなっていなかったとか。タブや記号などでも、似たような問題が起こり得る。前に「山寺の日」に送ってもらった文書でも、おそらく？と思われるものが、こちらのパソコンでは謎の記号になっていたことがありました。
　そういう行き違いもあるので、今はそれほど一般的に使われる形式ではないんです。どんなワープロソフトを使っているかわからない、さまざまな人と文書をやりとりするんなら、「テキストのみ」か「テキスト＋改行」でいいんじゃないかな。

サル　こりゃ知らなんだ。
　原稿をメールで送りはじめた頃、「テキスト形式でお送り下さい」と

言われたが、保存するときの「ファイルの種類」には「リッチテキスト形式」「テキストのみ」「テキスト＋改行」はあれど、「テキスト形式」そのものはないため、
「リッチにしておけば、間違いないだろう。大は小を兼ねるというし」
　と、以来ずっとリッチテキスト形式で通してきた。
「リッチ」って、そういう意味だったんですね。
　しかし、前にもちょこっとふれたが全機能を網羅した決定版をうたう、わがマニュアル本のあいうえお順索引の「た」行にも「テキスト形式」なる項目はなければ、「ワード以外のファイルとして文書を保存する」なるページにも、リッチテキスト形式とは何ぞやの説明は、1行もない。よって、先生から聞いたのが、私にとっては初耳だったんです。
　なのに「テキスト形式」が一般用語のようにまかり通っているのだから、遅れてきたユーザーはつらいよなあ。
　ま、遅れてきたぶん、人に教えてもらえるというメリットも享受しているから、よいけれど。

10. 2台目を購入！

ノートパソコンとの連動性を高める

　1台のパソコンにも、あれほど手こずった私が、2台目を持つことになった。1台目はデスクトップ、2台目はノート型。家以外の場所での必要性を感じたのだ。いやいやながら乗り換えたパソコンだが、いまや私にとって、なくてはならないものになっていると認めざるを得ない。悔しいけれど。

　例えば出張。いまのところ2泊3日までにおさえているが、帰ると返信をしなくてはならないメールが来ていて、次の日から週末だったりすると、結構慌てる。送ってくる方は、オールタイム受け入れ態勢と思うんだろうなあ。この先、3泊以上家を離れることがあれば、原稿をメールでやりとりするケースも考えられる。

　これからもなるたけ抗っていく構えではあるけど、仕事を取り巻く環境は、変わってきていることを実感。新幹線の中なんて、あっちでもこっちでもピイピイ携帯で呼ばれているが、ちょっと前まで携帯なんてなかったのに、皆どうしていたんだろう。

　あと、親の家に何日間か滞在すると、ノートパソコンの必要性を実感する。やっぱり、少し書きたいし。

　40代だと、そうでなくても介護問題が現実感をもって迫ってくる。親が倒れた、いざ泊まり込み、なんてなったとき、あっちの家に半分居を移したようになっても、最低限の仕事は続けたい。そのための態勢は、

今から整えておかないと。IT化の促進って、そういう「いやでも在宅状況」におかれた人たちの切なる必要による部分も多いと思う。
　というわけで、1台目の完全制覇にはほど遠いけど、2台目も購入。機種選びの基準は、第一目的である携帯性を重視し、とにかく軽いこと。その結果、ソニーのバイオのRCG-612Bになりました。デスクトップは、もう一度紹介すると、NECのシンプレムです（以下「親パソ」「子パソ」と呼ぶ）。
　このふたつ、メーカーが違うせいか何なのか知らないが、同じウィンドウズ、ワードなのに、使い勝手がずいぶん違う。
　なるべくスムーズに行ったり来たりできるよう、同じ設定にしたいのだけど。今回はそこを先生に聞きます。テーマとしては、ソフトの追加や周辺機器との関係、あたりになるのかな。では、さっそく。

サル 日本語ソフトはATOKを使いたい。親パソでは、タスクバーの中の他国語インジケーターで切り替えられたけど、子パソでは出てこないんです。

先生 ワードだからネイティブにはIMEになりますね。そもそもATOKが子パソの方に入っているかどうか、調べましょう。
　文書のしまい場所を調べるときは、「検索」でできました。ソフトもそれと同じやり方で探せます。
　「スタート」→「検索」から「ファイルやフォルダ」をクリックし、ファイルやフォルダ名を入れるところに、ATOKと入力。
　ないですね。検索結果で、ATOK KEY DLLと表示されていますが、これはIMEをATOKのようなキーの組み合わせで操作できるというもので、ATOKそのものではない。

日本語ソフト ATOK を新たに加えましょう。

アプリケーションのインストール

先生 ソフトを追加するには、基本的には店で売っている CD-ROM を買ってきて、入れます。

親パソには、CD-ROM ドライブが内蔵されていましたが、子パソでは付属品として別になっているので、接続します。

岸本さんの、ノートパソコンではカード型の差込口がついています。そこに接続します。取扱説明書に「PC カードスロット」と書いてあるところ。CD-ROM ドライブもそこに入れる。

親パソを買ったときのセットに、ジャストホームシステムの CD-ROM が付いてましたね。あれのワープロソフトは一太郎だったから、ATOK も入ってるはず。

サルのひとこと やってみました、私は。CD-ROM ドライブをつないで、CD-ROM を入れて。

ところが、子パソはウンともスンとも反応しない。接続は正しいはずなのに。なぜ？

すったもんだした挙げ句、CD-ROM ドライブ内での CD-ROM のセットの仕方が不完全だとわかった。ドライブの受け皿にのっけただけだったが、まん中の丸いところに、CD-ROM の穴を合わせ、しっかとはめなくてはならなかったらしい。試しに、「えい」と押し込んでみたら、即、起動しはじめた。その一押しが足りなかったんですな。

後は楽チン。画面に「～しますか？」といった質問が次々出るので、

「はい」にチェックをし、クリックするだけ。スタートメニューから何々を呼び出して、みたいな面倒な手続きは、いっさいなしだった。

CD-ROM はセットするだけで、インストールのプログラムが自動的にスタートするようになっている。これは簡単。いろんなものを入れたくなる。

市販のアプリケーションをあとから入れることで、機能をどんどん追加できるのが、ワープロにはないよさだと実感する。

サル タッチパッドが使いづらい。慣れているマウスで操作したいけど、変えられる？

先生 市販のマウスを買ってきて、つなげばできます。その機種に接続できるものかどうかを、店頭で確かめて。

差込口を USB というコネクタで統一しようとする動きがあって、この子パソも、うん、そうですね。マウスに限らず、USB に対応した周辺機器なら、使えます。

キーボードだって、別のをくっつけてしまう人もいる。ノート型のキーボードは小さくて肩が凝るから。岸本さんと逆に、デスクトップを持っていなくて、ノート型を家でも使おうというときに、そうするようです。

サルのひとこと タッチパッドをマウスに、というのは、けしてめずらしいリクエストではないらしい。皆、自分の目的に合わせて、自分にとって使いやすいよう、周辺機器をうまく活用しているわけだ。

サル わが子パソは「センタージョグ搭載」が売りらしくて、タッチパッドの手前に、ロールみたいなものが埋め込まれている。それを回すだけで、ポインタを動かさなくても、画面を上下にスクロールできたりするらしいが、使わないし、画面に、そのロールの図が出ているのも、視覚的にじゃま。この絵、消せない？

先生 通常使うのは左クリックですが、右クリックに、オプション的な機能が持たされている。え？　マウスがまだない状態なのに、右クリックも何もない？

　タッチパッドの下に、左右に並んで、ボタンが二つありますね。それが、マウスの右と左にあたる。

　右ボタンで、非表示にします。

サル 親パソで書いた文書を、子パソで打ち直したりするとき、親パソに入っているのをフロッピーディスクに落として、やってます。親パソ、子パソ間の文書の共有は、FDによるしかない？

先生 FD以外でもできますよ。両方にカードスロットがあるので、ネットワークさせるためのケーブルでつなげば。

　両方に同じファイルが入っていると、バックアップにもなる。でも、どっちをどう直したか、どっちが最新か、わからなくなることもありがち。

サル 子パソに搭載されているのはウィンドウズMe。親パソはウィンドウズ98。統一させた方がいいの？

　また、せっかく統一するなら、最新のウィンドウズ2002でと思うけど、

搭載し直すことはできる？
　その場合、ウィンドウズ98時代に入力したデータは、どうなるの？　そもそも、バージョンアップって、した方がいいんでしょうか。

先生▶︎　ふつうに使っているぶんには、ウィンドウズMeもウィンドウズ98も、ほとんど変わりないと思う。合わせなくてもいいんでは。
　もし2002を入れたいなら、そのソフトを買ってきて、搭載することはできます。データも、別に保存し直す手続きをしなくても、そのまま使える。
　バージョンアップした方がいいかどうかは、2002を入れたらどうも調子悪くなったなんて話も聞くし、素直に動いてくれてるぶんには、無理してしなくてもいいんではというのが、僕の考え。

ノートパソコンでメールの送受信

サル▶︎　電車の中でビジネスマンなんかがキーボードを打ちまくってる姿を見かけるけど、ああいう人って、メールをしているの？　いつも疑問だけど、電話線もないのに、どうして送れるの？
　ノートパソコンが携帯性を旨とするなら、電話線につながなくてもできそうではあるけれど。

先生▶︎　電話線のないところでは、モバイルとか、携帯につなぐとか、それ専用の器具を使ってるんですよ。

サル▶︎　家の電話回線でなくてもいいわけ？　基本認識の問題だけど、

メールアドレスと電話回線って一対一対応かと思っていた。私のアドレスは、うちの電話回線に、固有のものかと。

先生 それは間違い。アドレスは、プロバイダが持っている、岸本さんに関する情報です。だから、そこにたどり着くまでは、どんな電話番号からでも構わない。

サル とすると、子パソでメールが使えるようにするときも、親パソと同じユーザー名、同じアドレスでいいわけか。

先生 それでもって、モジュラーケーブル、家の電話機と壁の差込口（モジュラージャック）とをつないである線ですね、を子パソとともに持ち歩いて、出張先のホテルの壁とか、親の家の壁のモジュラージャックにつなぐだけ。ホテルの場合、使ったぶんはチェックアウトのときに、電話代として精算することになるけれど。

サル プロバイダの情報は、子パソについても、登録し直さないといけないの？

先生 それは必要。その際、アクセスポイントをどこにするかですね。親パソでは、自宅と同じ市外局番を持つアクセスポイントで設定してあると思うけど、仮に実家が福島で、そこでメールを受信するとなると、福島から東京のアクセスポイントに電話をかけて、そこからメールを取ってこないといけないわけだから、電話代がかかることはかかる。子パソはもう、実家専用にして使うなんて場合には、福島のアクセスポイントにした方が、安くすむ。

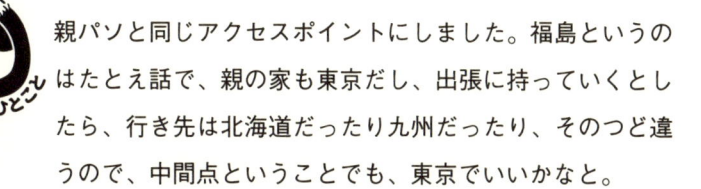

親パソと同じアクセスポイントにしました。福島というのはたとえ話で、親の家も東京だし、出張に持っていくとしたら、行き先は北海道だったり九州だったり、そのつど違うので、中間点ということでも、東京でいいかなと。

　大量に送受信する人は、電話代節約のため、出張のたびアクセスポイントを設定し直したりするのかな。

　メールアドレスが電話回線と一対一対応ではないというのは、なるほどでした。前に、ニューヨーク在住の仕事関係者にメールを送ったら、「おとといから東京の実家に戻っていて……」という返信が来て、びっくりしたことがあったのだ。

「なんで、ニューヨークのアドレスに送ったものを、東京で開けるわけ？？」

　と。その謎が解けました。とすると、親の家から国際電話で、ニューヨークのアクセスポイントにかけ、受信したとか？

　さて登録ですが、これは、子パソをうちのモジュラージャックにつなぎ、先生がちょっと試してみて、メドがついたら教えてもらうつもりだったが、先生の眉が寄ってきて、手こずっているようなので、じっと静観。こっちからの電話を、向こうが受けつけてくれないみたいだそうで、私と助手嬢は、壁のところへ行って、モジュラーがちゃんとはまっているか覗き込んだり、アクセスポイントの電話番号が間違ってないか、もう一度調べたり、例によってアナログなことをしていた。

　先生は、私も助手嬢も見たことのないウィンドウを次々開き、あれやこれやクリックしていたが、はたと振り向き、

「もしかして、このうちの回線、プッシュホンではないヤツですか」

　信号の出し方により、パルス回線とトーン回線とがあるが、わが家のは古い、パルス回線だったのだ！　わーん、ごめんなさい。知らぬがゆ

え、無駄な努力をさせてしまった。

　くり返し使う機能と違い、最初に1回すればすむことは、遅れてきたユーザーの強み（？）をいかし、わかる人に頼むという従来の方針に従って、ここでもあっさり、チャレンジ精神を放棄。むろん、自分で挑戦したい人は、頑張って悪戦苦闘してください。

　ただし、自分でしない人でも、次のことを確認しておくことは必要です。ユーザー名、パスワード、接続先のアクセスポイントの電話番号、それと自分の家の回線が、何であるかも。

11. インターネット自由自在

インターネットを使いこなす

　さて、ここからはインターネットについてです。
　初心に戻り、私がパソコンを習得する上での目標、「これだけはできるようになりたい」と思ったことを振り返れば、「文書を打つ」「メールで送る」だった。
　これらは第一段階のレッスン（これが、すごーく時間がかかった）で、なんとかマスターし、第二段階では、より効率的に行う方法を、学んだ。そして、当初は予想しなかった展開、2台目のパソコンを持つなんてことが起こり、それについても、文書入力、送受信は、一応可能になった。
　さらなる目標として、「調べものもできるようになりたい」というのが、あった。これはレッスンを待たず、やみくもにいじっているうち、自然とできるようになった。
　デスクトップ画面から「インターネットエクスプローラ」をダブルクリックして出る画面の、枠の中に、調べたいことに関する言葉を入れて「検索」をクリックすると、その語を含むホームページが、一覧表示される。ホームページのアドレス（URL）がわかってなくても構わないんですね。

　調べものをした経験を、少々書けば。
　仕事の面では、出張のときに使った。羽田に行くのに、何線がいちば

ん早いのか、何分発のに乗ればいいかなど、前は、時刻表から足し算したりして調べていたのが、インターネットでわかる。「のりつぎあんない」と入力すれば、それを教えてくれるホームページ（？）が出る。

でも、心配性の私は、電車が遅れたりすることを考えると、結局その情報に関係なく、早めに出てしまうのだけれど。

ホテルもインターネットで探した。名古屋に到着するので、駅からなるべく歩かなくてすむホテルを、と。でも、「駅歩1分」とかとあっても、名古屋駅のような広い駅の場合、どの口から1分かで、かなり違いそう。土地勘のない私は、結局、画面に出ていたホテル協会のようなところに電話して、「新幹線の改札からいちばん近いのは、どれですか」。教えてもらったホテルのホームページを、インターネットに戻って、開く。

室内を、写真で見られるのは、すごくいい。同じ狭さでも、色が明るい方が、広々した感じになるな、とか。

インターネットでも、予約はできる。その方が、料金は割安になる。でも、私の申し込もうとしたホテルは、24時間以内に折り返し確認の電話が来るしくみで、それまでは予約完了とはならないそうで、かえって煩雑。電話で予約した。

ホームページに、予約専用の電話番号しか載っていないのには、びっくり。だって、仕事先に「何日はここに宿泊しているので、連絡してください」と知らせるとき、代表番号は要るじゃない。

というわけで、私の場合まだ、インターネットのみでは用が済まず、電話その他と併用です。

自分の不慣れのせいもあるが、ホームページの作り方も、まだまだ改良の余地ありとの印象。私の場合、ほしい情報だけさっさと取りたい方だから、ビジュアル面に凝られると、すごくいらつく。さきのホテルの

室内写真なんかは、情報として有用だと思うけど、そうでなくて、ただの飾りって、ありますよね。

　絵とか写真は、データとして重くなるから、なっかなか現れず、無意味に時間がかかる。

　歌舞伎をたまに観たい私は、来月の出し物が気になる方。歌舞伎座のホームページを開くと、ゆっくりと出てきた画面は、歌舞伎座に置いてある刷り物とまったく同じ。それなら、銀座に行くついでに取ってくるわい！　で、プラスアルファの情報があるかと思うと、チラシ以上でも以下でもない（その後変わって、いろいろ載るようになりました）。

　出るまでの時間については、回線の問題など、こちらの環境のせいもあろうけれど、何よりもじゃまではないの、絵や模様が。歌舞伎座の場合は、まだ「見て楽しむ」ホームページになるのもわからなくはないが、講演録なんかで、出てくるのはただの文章なのに、背景を柄ものなんかにしてあると、わざわざ読みにくくしてあるとしか思えない。白に黒字で充分なのに。

「ホームページたるもの、何らかのビジュアルがなくてはならない」との強迫観念が、インターネットの世界を支配しているんでは。

　経験談をさらりとご紹介するつもりが、例によって文句たらたらになってしまったが、ここからは、自分でアクセスしたときの疑問点の解決、そして、職業上メインである「本」に関する調べものについて、先生に教わり、最終レッスンとします。

サル●　メールの受信に関しては、プロバイダのところへ「取りにいっている」間だけ、電話回線を使います（という理解でいいんですよね？）。HPは、読んでいる間、ずっと電話回線がふさがっているの？

先生 ふさがっています。いわゆるお話し中状態ですね。そうしないためには、次の方法がある。

　画面に表示されたHPはすべて、情報として、ハードディスクに残ります。だから、全部閉じて、いったん回線を切った後「元に戻る」で画面に呼び出し、逆にたどる順番で、見ることができる。

　マイドキュメントやワードなど、別のところに「貼り付け」して読む方法も。

　まだ表示していないHPに、次々とアクセスして見たいときは、回線につながっていないとできません。

　オンラインソフトに指定したHPのデータを集めてくれるものもあって、それを使うと、ネットの中をさーっと回って、読みたいHPを集めてくれるので、アクセス先が多数のときは、効率がいい。

サル HPはファイルメニューから印刷できますよね。そのとき、文字部分だけプリントアウトすることは、可能？　絵や写真は、時間とインクをくうばっかりで、省きたいときが多いけど。

先生 別のところに「貼り付け」てからなら、できる。ワードならワードを開き、HPの文字部分だけマウスで選択して[Ctrl]+[C]、[Ctrl]+[V]。

　ワードなどに移したあと、もとの文字のままだと読みにくいときは加工もできます。[Ctrl]+[A]で全指定してから、フォントを小さくするとか。

サル いよいよ本の話になるけど、よく書店で検索してもらいますね。あれと同じことが、うちのパソコンでできる？　著者名から書名一覧が出せるとか。近所では、どこの本屋に行けばあるってことまでわかったら、足を棒にしなくてすむから、なおのこといいんだけど。結構、何軒

も探し回るんです。

先生 検索のサイトがありますよ。代表的なところでは、

  TRC（図書館流通センター）　http://www.trc.co.jp/trc-japa/index.asp/
  書協（日本書籍出版協会）　　http://www.books.or.jp/

このあたりを調べれば、版元、出版年くらいまでは、家にいながらにしてわかる。
　ただし、現在流通しているもののみ。「この著者に、こんな本があったはずだけど」と調べて、出ないときは、品切れかあるいは絶版になっているかです。あと、あんまり新しすぎても、表示されないときがある。
　書店における在庫状況までは、残念ながらわからない。
　オンライン書店だと、わかります。例えば、

  紀伊國屋書店 Book Web　http://bookweb.kinokuniya.co.jp/
  アマゾンコム　http://www.amazon.co.jp/

など、そのオンライン書店における在庫状況や、届くまで何日くらいかかるかはわかります。
　さっきの検索サイトと併せて、「お気に入り」のところにアドレスを登録しておくと、いいでしょう。

サル 古本屋についても調べられるといいのだけれど。探している本を、どこの店が持っているかとか。大規模流通の新刊本と違って、個々の商いだから、無理かな。

先生 意外かも知れないけど、これはかなり充実してる分野なんです。新刊本屋より、進んでるくらいかも。

　代表的なのは「紫式部」とか、神田古書店連盟が設けている「BOOK TOWN KANDA」とか、東京古書組合の「日本の古本屋」というサイト。

　単に「ふるほん」で検索しても、いろいろなサイトが表示されて、リンクもできるようになっています。

　好きなサイトをみつけて、「お気に入り」に追加しておくと、さらに便利。

サル 本の一部を引用したいときが、あります。家になければ、書店に買いにいったり図書館で探したり、そのたびに大騒ぎ。自分で古本屋に売った本を、行って買い戻したこともある。現物にあたらなくても、ネットで見られれば、締め切りの迫っているときなど、すごく助かる。

先生 オンライン読書ですね。

　著作権の切れたものは、引けます。古典の引用はできるし、近代のでは漱石、宮沢賢治くらいまで入ってるかな。

　ただし不完全であることは否めない。森「鴎」外となってしまって「鷗」が旧字で出ないとか。古典なんか、底本によって違うから、典拠を示す必要があるときも、困ることがある。

　一語一句、厳密にいくときは、印刷物に拠る方がいい。

　著作権の切れていないものは、現物にあたるしかないです。

言われてみれば当然。ネットで本1冊まるごと読めてしまったら、書店

サルのひとこと で買う人、いなくなる？

Web文庫なんかは、それでも文章に親しんでもらおうと、そのへんの権利関係を、きちんとクリアしているんだろうなあ。

サル 古典を除いて、本の中身までは、ネットでは読めないことは、わかったけれど、おおまかな内容くらいは、知ることってできないの？

書店では、購入の前段階としての立ち読みって、しますよね。目次やあとがきから「だいたい、こういうことが書いてあるんだろう」とつかんでから買う。でもそれって、書店に現物があっての話。

同じようなことがネットでもできれば、書店でもオンライン書店でも、注文の際の参考になると思うけど。

先生 それは、個別対応になります。

新刊に関しては、出版社によってHPに、目次、まえがきかあとがきの一部、著者からのメッセージなどを載せている。

オンライン書店では、書評やおすすめの本欄を設けて、参考に供しているけれど、個々の本の目次までは見られない。

気軽に手にとって、ぱらぱらとめくってというプロセスはなく、あらかじめ他の媒体で知って内容のわかっている本とか、どうしても必要な本を、「取り寄せる」という買い方か。あるいは、多少のリスク含みで買ってみるか。どっちかになる。

そのへんが、同じ本を買うという行為でも、ネット上でと、書店におけるそれとが、違うところです。

12. 病気で知った利用法

インターネットで情報を得る

　e患者という言葉を、耳にするようになった。インターネットを駆使して、情報を集め、病気と立ち向かう患者のことだと理解しています。
　21世紀最初の年に、がんの手術をした私は、そのことを人に話すようになってから、ずいぶん聞かれた。
「病院は、どうやって選んだの？」
「医師の先生は、どうやって探したの？」
　週刊誌にも、いい病院やうまい先生が、実名で載るこの頃である。お年寄りの患者さんと違って、現役まっただ中、しかもパソコンを日常的に使う職業なら、治療を受けるにあたっても、今ふうの情報収集活動をしたものと、誰もが思うのだろう。
　でも、実際には、すごくアナログな方法をとったのです。
「人に相談する」
　という。万人におすすめかどうかはわからないけれど、こうしてまあ、元気に生きているからは、自分にはベストの選択だったと思っている。
　何よりもまだ、電脳化にようやく取り組みはじめたばかりで、インターネットで情報を集められるほどには、自分の側の「技術革新」が、進んでいなかった。
　病気に関する経緯を記した『がんから始まる』をお読み下さったかたは、画像診断で異常がみつかった、医師の診察を受ける、退院してから

と、何か新しい状況に臨むたび、そのつど私が「本屋、もしくは図書館へ行く」という行動をとっていることに、お気づきかと思う。

2001年10月の時点では、ようやくぽつぽつ原稿を、パソコンで作成し、メールで送りはじめたばかりで、デスクトップ画面のアイコンでいえば、クリックするのは「ワード」と「アウトルックエクスプレス」のみ。「インターネットエクスプローラ」はさわったことがなかった。

調べ物イコール紙媒体という習慣に、完全につかっていたのである。告知から入院までが中5日と、きわめて早かったせいもあるな。パソコンとじっくり向き合い、はじめての機能を、操作法を覚えながら使ってみるような余裕が、なかったというか。

がんのことなんて、ほとんど知らなかったので、先生の説明を理解するため、入院してからも、館内の売店に通っては、がんの本を仕入れていた。

予習が追いつかなくて、事態が進展するのと同時並行的に、知識をつける。このあたり、不動産仲介会社に、物件を案内してもらいながら、「騙されないマンション選び」なんて本を速読していたマンション購入時と似たものがある。

パソコンを調べ物に使うようになったのは、退院してからだったのだ。そして、まえがきにも書いたように、このことが結果的に、私の電脳ライフを推し進めた。

とりあえず、治療が終わり、退院しますね。

すると、知識を仕入れる第二段階を迎えるいうか。入院中の、

「次にする検査では、何がわかるんだ？」

「先生の説明がちんぷんかんぷんにならないためには、最低限、どんな用語を抑えておかなければならないか。何を質問すべき？」

といった、その場その場に応じての調べ物とは異なって、もう少し腰

を据え、自分の病気について知りたくなる。
「インターネットエクスプローラ」にはじめてさわったのも、退院後。どんなホームページがあるか、わからなかったので「検索」の欄に、とりあえず「がん」と入れたら、何桁かにわかには把握できないくらいの件数が表示されて、仰け反った。全部熟読していたらそれだけで、残りの人生、終わってしまいそう。
　書店で目にしていたのは、がんに関する情報の、ほんのほんの一部であった。世の中には、こんな膨大な量の情報が、出回っていたのだ。みんな、この中から、いったいどうやって選択しているのだろう。
　多ければ多いだけ、迷いから抜けられなくなりそうだ。『患者よ、がんと闘うな』という本と『闘う意志があれば、癌治療は変わる！』と題する本が、2冊同時に送られてきたときでさえ（そういうことがあった）、混乱した私である。これはよほど、気を確かに持たないと。
　多数決ではないけれど、アクセス件数の多い方が、信頼度が高いというか、標準的なものだろうと考えて、上位にしぼる。
　トップは、やはりというべきか、国立がんセンターのホームページで、たいへん充実していた。一般向けの情報として、「がんとは」にはじまり、各種がんについてそれぞれに、症状、診断、病期と生存率、治療、手術後の管理、参考図書が示されている。
　私の罹ったのは、大腸がんの中の虫垂がんなので、大腸がんに関するページをプリントアウトし、しっかり保存。その他、がんに関する統計や、緩和ケア病棟を有する病院一覧もある。
　抗がん剤の有害事象についても、事こまかに列挙してあるのは、驚きだった。昔だと「国立」と名のつく病院なんて、よらしむべし知らしむべからずの最たるものとのイメージだったかもしれないが、
「情報開示は思ったよりずっと進んでいるな」

というのが、私の印象。薬の副作用ももろにわかってしまうのだ。

　薬について調べるホームページもあった。書店によくある、医者からもらった薬がわかる、といった類の本のようなもの。薬の名を入力すると、効能、副作用などが出てくる。

　しかし、こう情報があふれていると、本人ががんであることを知らないわけには、もはやいくまいという感じだ。

　告知されていない人が、「もしや、がんでは」と疑いを抱いたとき、薬の名を入れれば、抗腫瘍剤であることが、一発で知れてしまうのだ。薬がわかる、といった本の中には、抗がん剤の載っているページだけ色の違う紙になっていて、
「ここから先は、知りたくない人は読まないで下さい」
　のような注意書きがあった。そこで、
「じゃあ、読むのはやめよう」
　と踏みとどまる人がどれだけいるかわからぬが（むしろ読みたくなるのではとも思うが）、インターネットではそうした、通行止め表示にあたるものがなく、ダイレクトに到達できてしまう。

　その話をしたら、同じくがん手術を受けた心配性の人が、
「えーっ、僕も経口抗がん剤が出ているのかな、調べてみて」
　自分ではためらいがあるのである。内心、
（しまった、余計なこと言うんじゃなかった）
　と後悔したが、でも、本人が知ろうというのを拒絶するのも何なので、言われたとおり調べると、単に「切り傷」の薬であった。手術の痕が早く治るように、とのことらしい。そうなると、伝える私も言いやすい。

　情報に対して、どういう態度をとるかは、各人各様である。

　私も、おまかせ医療は、よろしくないと思う。大腸がんは手術が第一選択（逆に言えば、それ以外の療法では、完治を期待するのは難しい）

だからよかったが、次にどこかに出来たときは、決める前に治療法を調べて、場合によっては、複数の医師に相談することもあるだろう。
　でも、私の場合、可能な限りの情報をひととおりあたってみないと、気がすまないという方では、ないみたい。
　私の罹った虫垂がんは、そう例が多くない。告知を受けた医師に後で聞いたら、大腸がんの中の200人から300人にひとり、とのことだった。
「だとすると、これくらい進行していたから、この先どうなると、統計的に言えるほど、データが蓄積されているのかどうか」
　との疑いが、頭をもたげてくるのが、心理というもの。がんの本でもホームページでも、大腸がんに関する記述は、結腸がんと直腸がんのふたつのみで、虫垂がんは出てこないのだ。
　でも、そこで、
「結腸と直腸についてはそうだろうけど、虫垂がんは別なんでは？」
　と深く追求しようとは思わない。
　個別性を問題にし出すと、キリがない。それを言い出せば、
「自分は、ほんとのところ、どうなのか」
　は誰にもわからないのだ。
　前の本にもちょっと書いたが、同じ大腸がんで、肝臓に転移した人がいた。国立がんセンターのホームページひとつとっても、統計の見方によれば、悲観的になっても致し方ない事態だけれど、その人は、同ホームページ内に、大腸がんは、
「少し進んでも手術可能な時期であれば、肝臓や肺へ転移しても、外科療法により完治が望めます」
　といった記述をみつけ、その数行だけを何べんも読み返しては、心を落ち着けていたそうだ。
　3年が経過したときは、

「5年経たないと治ったとは言えないけれど、国立がんセンターのホームページの生存曲線のグラフを見ると、3年過ぎると、ほとんど変わらなくなるみたいです」

と、別の箇所を引き合いに出して、話していた。あらゆる情報にいちどきに接するのではなく、自分の状況に応じて、段階的に取り入れていくのも、賢い方法ではないかしら。

別の人は、やはり症例のそう多くないがんだったが、インターネットで、同じがんを克服した人と出会ったという。

治った人の話を聞くのは、励みになる。治療の副作用に苦しんでいるときに、

「このつらさも、いつかこの人みたいに、ジョーク混じりに語れる日が来るんだ」

と勇気づけられたという。

希望の持てる方向で、インターネットを利用したい。

いろいろあります、支えるしくみ

退院後の私がいちばん知りたかったのは、

「再発を防ぐてだてが、あるのかどうか」

だ。治療がすんでもなお、再発の可能性が低からずあったので、できることはしたい、と。

「検索」の欄に「がん相談」と入力したら、いくつかがみつかった。その中の、キャンサーネットジャパンというものに、アクセスした。

がんに関する情報サービスを提供しているNPO（特定非営利活動法人）で、もともとはアメリカの国立衛生研究所が出している乳がん患者

向けのパンフレットを訳して、無料配布することから、はじまったらしい。医師を中心とするボランティアによって、運営されているという。

この文章を書くため、改めてアクセスすると、がん情報ライブラリー、用語集、専門医による治療法の説明、薬の知識、よい医療のためのキーワードなどもあり、全ページ、プリントアウトし、保存しておきたくなるほどだ。

私はそこの、メールによるセカンドオピニオンに申し込んだ。

ホームページを一方的に読むのでなしに、双方向でやりとりするのははじめてだった。

相談事項を書いて送信すると、数日後には、返信が来ており、早さに驚く。

消化器専門の医師が、病院名と実名入りで「私個人の意見ですが」と断った上で、回答を寄せており、医師のプロフィールについてはホームページで知ることができるようにもなっていた。

多忙な医師が、貴重な時間を割いて、こうしたボランティア活動をしていることに、頭の下がる思いだった。回答も、国立がんセンターのホームページが提供する情報にしても、事実としては、私にとって厳しいものだったけれど、それとは別に、患者を支えるこうした取り組みが、社会に「ある」ということを知っただけでも、強い強い力となった。

西洋医学の病院でのフォローに加えて、東洋医学のクリニックにも、私は行きはじめるのだが、そこのこともインターネットで調べた。家族のがんを経験した人が、先生の本を読む機会をくれて、併せてクリニックのホームページも熟読し、「これだ！」と思った。

並行して、書店で、漢方医ガイドのような本を何冊か読んだが、それ以上にピンと来るものは、みつからなかった。

そんなふうに、口コミ、本、インターネットという、新旧混在の情報

環境の中で、退院後の体制を、どうにかこうにか作り上げてきたのである。

医療情報以外では、古本と新刊書に関するサイトが、たいへん役立っている。これはほんとうに、聞いてよかった。

私ももともとが電脳人間ではないから、古本イコール神田、という頭がある。

ほしい本が決まっていても、古本屋街を徘徊するうちに、いろんな広がりが出るんであって、足を運ばずに、パソコンで注文だけするなんて、本読みにあらず、と思っている人もいよう。そのメンタリティーは、私からもけっして遠くない。買ったばかりの本を抱えて、すずらん通りから一本入ったあたりの喫茶店なんかに寄るの、楽しいですよね（ちょっとマニアックな状況設定かしら？）。

が、手術後間もなくの、体力が落ちたときは、神田を歩き回るのが、いや、それ以前に電車に乗って神田まで出ていくだけで、非常にくたびれるようになってしまった。探している本が、あったらあったで重くなるし、なかったら、むなしさで疲れが倍加するし。

そんな私に、日本最大の古書検索サイト、スーパー源氏は、強い味方。家で座っているだけで、郵便受けまで、本が届けられるなんて！

新刊本では、アマゾンにずいぶん世話になっている。むろん、古書にしろ新刊本にしろ、本屋をめぐる楽しみも、捨てていませんよ。

スーパー源氏　http://www.murasakishikibu.co.jp/oldbook/sgenji.html

住んでいる市の図書館のサイトにも、アクセスする。参照したい本があるかないか、自宅にいながらわかるので、急ぎのときなんかは、ムダ足にならずにすみ、ありがたい。

その他に、私の「お気に入り」に登録してあるのは、歌舞伎座のホームページ＝観劇に行くことは年に何回もないのだが、誰が何を演っているかをなんとなく常に把握しておきたい。ジョルダン＝電車の乗り継ぎ検索サイト。晶文社のホームページ＝連載していた関係で。ジャパン・ウェルネス＝後述します。
　また、さきに述べた国立がんセンター、キャンサーネットジャパンも、登録こそしていないが、準お気に入り。自分の頭の中を公開するようで、恥ずかしくはあるのだが。

歌舞伎座　　　http://www.kabuki-za.co.jp/
ジョルダン　　　http://www.jorudan.co.jp/norikae/norikeyin.html
晶文社　　　http://www.shobunsha.co.jp/
ジャパン・ウェルネス　　http://www.japanwellness.jp/
国立がんセンター　　　http://www.ncc.go.jp/jp/
キャンサーネットジャパン　　　http://www.cancernet.jp/

　ノートパソコンは、意外と使っていないなあ。
　出張に、仕事を持っていくとしても資料読みくらいで、文書そのものを作成することはない。旅先では、それほど、まとまった時間は、とれないしね。
　退院後は、出張はせいぜい2泊3日なので、その間に締め切りが来ないよう、前もってすませておくことができる。
　2泊3日なら、メールがたまっていても、そう支障はない範囲。急ぎの連絡がありそうな人には、あらかじめ、
「これこれの間は、メールを読めないので、留守電にメッセージを」
　と断っておく。今は携帯電話からチェックするのがふつうらしいので、

「出張だから、読めない」
　という「だから」のつながりに、皆、きょとんとするようだけれど。
　手術を受けるために入院することになったとき、仕事先にその旨を知らせると、
「何かのときのために、連絡を取れるようにしておいてほしい」
　ことにこだわる人が、少なからずいた。
　でも、会社経営者くらいの人ならいざ知らず、私のような仕事で、「何か」って何かしら？　原稿は間に合わせて送ったのだし、あと、考えられる事態としては、印刷用に組んでみたら1行オーバーしたとか、字の間違いとか？　でも、それを問い合わせられても、当人は、全身麻酔で昏睡しているのだから、判断の下しようがないのだ。
　今はノートパソコンがあるし、メールもできるよう設定されているはずだけれど、次に入院することがあっても、外部との連絡は、基本的に断つつもりである。
　入院中も、ふだんと同じ通信環境を維持することで「病に負けていない自分」を確認できるという人も、いるだろう。それぞれだ。
　が、現段階の私は、そういうことを便利とは思わない。
　健康でないから、入院するのである。その間くらい、治療に専念したい。
　むろん、病が進んで、病院での暮らしが日常となったら、そのときはまた、違ってくるだろう。ベッドにいながら、外との交流が保てるインターネットを、おおいに享受するかもしれない。

患者どうしがつながる「場」

　さきの「お気に入り」に登録してあるサイトで、ジャパン・ウェルネスと書いた。
　がん患者と家族とを精神的に支える活動をしている、NPOである。がんを経験した医師が設立したもので、私はその医師から告知を受けたのがきっかけで、出会った。というより、先生の差し出したジャパン・ウェルネスのパンフレットにあった「がん」の2文字が、
「あー、やっぱり私はまぎれもなく、がんなのだ」
　と理解を決定づけることになったのである。
　中心は、患者が看護学、心理学の専門家を進行役に話し合う、サポートグループなるもので、その他、心身のリラクセーション、医学情報の提供、セカンドオピニオンなどのプログラムがある、とあった。ホームページも設けられているらしい。
　告知と同時に、「そういうものがある」と知り、退院の翌日に入会金を振り込んだ私だが、なのに、サポートグループには、頑として参加しなかった。
　パソコン習得もそうだったけれど、まずはひとりで格闘してみないと気がすまない、かわいくない性格が災いし、ジャパン・ウェルネスのことも「苦しいときの駆け込み寺」というか、
「この私が、サポートを受けるなんて、よほどのとき」
　みたいにとらえていたのだ。なので、この本で途中から「先生」と「助手嬢」の出張授業をお願いしたのは、よほどどうにもならなくなったのだと思っていただきたい。何？　改めて言われなくても、はじめの頃のひどさから、充分わかる？

でも、そのようにサポートグループに近づこうとしなかった間も、ジャパン・ウェルネスのホームページだけは、しばしば眺めていた。
　スタッフ紹介や、日程表を見ては、
「こんな人が携わっているのか」
「今月は、こんなことをしているのか」
と。たとえじかに接触しなくても、「ある」というそのことにより、社会の中で、自分は支えられていると感じられる。国立がんセンターやキャンサーネットジャパンのホームページにも、抱いた実感だ。
　つながりを確かめられる、というのかな。私は自分のことを孤独とは思わなかったけれど（こういう言い方も、かわいくないが）、心理学的に分析すれば、孤独感からの解放だろうか。ネットワークの第一意義だろう。
　やがて、ひとりでの悪戦苦闘が一段落してから、ふと、サポートグループに出てみる気になった経緯は、『がんから始まる』に書いたとおりである。そこでは、特に「情報」を交換するわけではなくても（そういうふうに利用している人もいる）、がんを経験してものびのびとしている人に接すること、何よりも、がんの話をしても、ぎょっとされない場があるだけで、精神的に得るものは、すこぶる大きいのだった。
　そうなると、
「ここに通ってくることができる自分たちはいいけれど、来られない人は、どうしているんだろう？」
とは、誰もが考えることだろう。たまたま東京に住んでいる私は、時間のやりくりさえつけば参加できるが、地方在住とか、入院中とか、体調不良その他諸々の事情で、出られない人。自分たちもまた、いつそうなるかしれないし。
　事務局も同じ課題を感じてか、インターネットでのサポートグループ

の可能性を探りはじめた。

　もともとジャパン・ウェルネスは、アメリカで広く展開しているウェルネス・コミュニティのマニュアルに準じた、日本支部という位置付けで、アメリカ本部では、すでに同様のものを実施しているという。精神神経免疫学の裏付けもあるらしい。

　アメリカは国が広いし、インターネットの利用率も高いから、当然そういう発想が出てくるでしょうね。

　アメリカ本部のパンフレットをもらい、試しにアクセスしてみたら、パンフレットどおりの画面が、わが家のパソコンに現れたので、驚いた。当然のことながら、全部横文字だった。

　すごいよなあ。日本にいながらにして、アメリカのホームページが見られるなんて。国際電話の申し込みをするわけでもなしに。今さらこんなことに感心しているのも、遅れてきたスターターの私だからかもしれないが、とにかく、世の中、進んでいる。

　英語のできる人なら、直接こういうところにアクセスして、世界標準の治療法を調べたり、海外のサポートグループに参加する選択肢もあるわけだ。

　参加には医師の診断書が必要などの、条件が示されている。厳しいようだが、それもわかる。

　前に、がん患者向けのホームページを見ていたら、
「私は近頃、寝つきが悪い。友だちに話したら、それってがんだよと言われました。私はがんですか？」
　といった書き込みがあり、
「がんかどうか知りたいなら、医者に行け、医者に！」
　と言いたくなった。

　健康食品業者などが、入り込んできても、趣旨に反するし。

12. 病気で知った利用法

　野村総研が開発したチャットシステムがあるそうで、まずは、ジャパン・ウェルネスの会員で、サポートグループによく来ている人のうちパソコンを使う人たちでもって、操作性（使い勝手）を試してみることになった。

　三次元の仮想空間で、自分の代わりにキャラクターが、キーボードで入力した言葉を話す。実験の前段階として、事務局のパソコンをいじってみたら、仮想空間の「室内」を、「自分」が歩き回れるようになっていた。

　匿名で参加したい人もいるだろうから、そこでの呼び名＝ハンドルネームを付ける。服装やヘアスタイルも、画面上の候補から選ぶことができ、これは結構、わいた。

　私は地味めに、紺のTシャツにジーンズ、頭にバンダナを巻いたら、がん患者というより、居酒屋のバイトみたいになってしまった。

「これって、なんか、用意されている服装が、若づくりじゃないですか？」

　と聞くと、

「もともと、学生向けに開発されたソフトなんです」

　と野村総研の人。ネット上、かなりサバよめる。

　同じ空間が、自宅パソコンに出せるよう、CD-ROMを借りる。インストールの仕方を習っておいて、ほんと、よかった！

「岸本さんの家のパソコン、OSは何ですか？」

　事務局の人に質問され、久々に目がサルになったが、OSとはオペレーションシステム、私の場合、ウィンドウズ98と答えればいいのでした。設定はとにかく、野村総研からもらった説明書のとおりにクリックしていけば、いい。実際につながるには、インターネットエクスプローラにして、教えられたアドレスを入力するのだが、カナ入力の私は、直前

に英数字を何十個も打つのは、ばたつきそうなので、前もって、お気に入りに登録。使いこなしてますなあ。

　ログインには、IDとパスワードが必要で、あらかじめ事務局から交付してもらう。

　某月某日、時間を決めて、参加者がいっせいにログインすることにした。1時間半の実験の間、パソコンから離れることがないよう、前もってトイレをすませ、かたわらにお茶もいれておく。

　インターネットエクスプローラを呼び出し、決められた手順のとおりに、ログイン……のはずが。

　固唾を呑んでみつめているのに、なっかなか、画面が出ない。事務局のパソコンでは瞬時だったのに。ウィンドウズ98だからか、あるいは、高速なんとかではない、電話回線使用の限界か。

　考えてみれば、1時間半の間じゅう、わが家にかかってくる電話は、ずっと「お話し中」になるんだな。ファックスも受けられないし。将来はやはり、電話回線と別にすべきかしら。

　それにしても、かかり過ぎじゃない？　もう時間過ぎている。はじまってしまう！　と焦る。

　「ようこそ、××さん！」の画面が、ようやく出た。すかさずエンターをクリックすると、突然、三次元空間の中に転がり込んでいた（←SF小説のような文章だ）。

　「うわ、入れた。私のパソコン、ログインするのに3分以上かかります」

　が、バーチャル・サポートグループでの第一声。

　このシステムは、マウスの操作で、仮想空間内を歩き回ったり、表情やジェスチャーをつけたりできるのが、ひとつの特徴である。人間が一堂に会するサポートグループと違って、文字のチャットでは、声のトーンやボディランゲージを読みとることができない。それを補うと同時に、

知らないどうしが、リラックスしたムードでコミュニケーション（カタカナが続いてしまったが）がとれるように。というもの。笑顔マークのボタンが、画面にあって、1回クリックすると、喜び度1みたいに、三段階の喜びアクションができたりする。

　が、せっかくそういう機能があるのに、ふだんワープロで文字ばっかり入力している私は、絵の方にまで注意がいかない。せっかくいれたお茶にさえ口をつけるゆとりもなく、キーボードをしゃかりきになって打ち込んでいて、ふと、画面を見ると、「室内」の「自分」は、最初に出現したところに、棒のように突っ立ったまま。

　参加者は、私同様、パソコン使用歴がそう長くない人が多かったのか、みな似たり寄ったり。そもそも、ひとところに集まるまでが、たいへんなのだ。画面上の「自分」が、思うように操れず、「室内」を右往左往し、衝突して、離すことができず、合体したままにっちもさっちもいかなくなっている組もある。

　また、みんな面白がって、「神」「仏」「仙人」とかいった、勝手なハンドルネームをつけるものだから、文字で示されるチャットが、
　仙人：「仏さま、ちょっとどいて下さい」
　仏：「う、動けないっ、神さま、なんとかなりませんか」
　神：「そんな〜、私にお願いされても」
　みたいな、おそろしくシュールな会話となってしまった。1時間半の実験のうち、全員が着席するまでに、30分以上もかかってしまった。

　開発者も、がん患者のパソコン操作能力の現状を知って、愕然としたのではないかしら。私たちが「平均的」かどうかは、たぶんにあやしく、基準にしてもらっていいのかどうかは、わからないが。

　次に事務局を訪ねたら、
「座れるようになったんですよ」

なるほど、クリックひとつで着席まではできるようになっていた。

まあ、慣れの問題だから、いくらでも克服できるでしょう。

それに、今、仕事で私生活で毎日パソコンを使っている人が、もうすぐがん年齢になるのだ。事務局によれば、患者は、40代後半から60代に多いという。パソコンになじんでいる人が、その年齢を迎える頃には、ネットを用いてのサポートが、一般的になっているだろう、と。

私たちがげらげら笑いながら、まず使い勝手を試してみたシステムは、その後、実証実験に入り、心理学の研究者が、効果を測定するという。サポートグループの他、Webカメラを使ってのセカンドオピニオン相談も試みているらしい。複数の医師と話すから、パソコンを通じての、テレビ会議のようなものかしら？

私にとってパソコンは、最初は、ワープロの代わりだった。

メールによって、ファックスの役割もするようになった。

インターネットは、図書館や本屋で調べ物をするのと同じ。

でも、ここへ来て、そうした一方向の情報収集だけでなく、双方向、いや、多方向というのかな、空間的に離れた多くの人と、同時に場を共有する、共時性も、大きな特徴だと気づく。

すべての機能を使いこなすことが、進化とはしない。かといって、「オレは、これだけしか要らない。そんな機能を利用するようにはなりたくない」といった価値観を頑として崩さないのが、高尚な人間とも、思わない。周りの環境もだが、何よりも自分の状況と求めるものも、変わり得る。

何ができるか知った上で、そのときどきの自分の必要に応じ、柔軟に付き合っていけばいいのである。

ごくごくふつうのことではあるけれど、それが、サルからはじめた私が、現段階でたどり着いた結論だ。

※本書は晶文社ホームページの連載を大幅に加筆訂正したものです。

著者について

岸本葉子（きしもと・ようこ）

エッセイスト。1961年神奈川県生まれ。東京大学教養学部卒業。女性の生き方、考え方などを、身辺雑記を中心に、真摯で楽しいエッセイとして発表してきた。また書評者としても定評がある。著書に『幸せまでもう一歩』（中央公論新社）、『女の底力、捨てたもんじゃない』（講談社）、『マンション買って部屋づくり』（文藝春秋）、『おいしいキッチン歳時記』（PHP研究所）、『わたしのひとり暮らし手帖』（大和書房）、『実用書の食べ方』（晶文社）などがある。2003年に刊行した『がんから始まる』（晶文社）が大きな話題をよんだ。

パソコン学（まな）んでe（いーかんじゃ）患者

2004年3月30日初版

著者　岸本葉子
発行者　株式会社晶文社
東京都千代田区外神田2-1-12
電話　03-3255-4501（代表）・4503（編集）
URL http://www.shobunsha.co.jp
堀内印刷・稲村製本
©2004 Yoko KISHIMOTO
Printed in Japan

Ⓡ本書の内容の一部あるいは全部を無断で複写複製（コピー）することは、著作権法上での例外を除き、禁じられています。本書からの複写を希望される場合は、日本複写権センター（03-3401-2382）までご連絡ください。

〈検印廃止〉落丁・乱丁本はお取替えいたします。

好評発売中

がんから始まる　岸本葉子
ちょうど、40歳。エッセイストの岸本葉子さんは虫垂がんと診断。手術後、いまも再発の不安はのこる。サポートグループに入会、漢方、食事療法……がんを受容しながらも、希望はすてない。不確実だから生きる。渾身のがん闘病記にして、静謐なるこころの軌跡。

実用書の食べ方　岸本葉子
料理本、マナー集、こころの問題……毎年たくさんの実用書が出版されている。それらの本は、私たちのコンプレックスと欲望に裏打ちされている。ストレートに人間のホンネがでる実用書の世界に、岸本さんが果敢に挑戦。悪戦苦闘の日々をつづる体験エッセイ。

がん患者学　柳原和子
自らもがんを患った著者が、五年生存をはたしたがん患者20人に深く、鋭く迫ったインタビュー集。患者たちは誰もが、代替医療、東洋医学など、複数の療法を取り入れ、独自の方法と心構えをもっていた。患者の知恵を集積する、患者がつくるがんの本。

がんと向き合って　上野創
26歳の新聞記者が突然、がんの告知を受けた。直ちに左睾丸の切除の手術を受けたときには、がんは肺全体に転移していた。著者は二度の再発を乗り越え、結婚もし、社会復帰をはたして報道の第一線で働いている。朝日新聞神奈川版で投書1500通の大反響連載。

雨のち晴子　山下泰司
生まれてきた子どもは水頭症だった。いままで気ままに暮らしてきた夫婦の生活がハルパンの誕生で一変。はじめて生まれてきた子どもに障害があったとき、親は何に不安を感じ、どのように行動するのか。普通の家族の普通じゃない日常をつづる子育てエッセイ。

食卓の力　山本ふみこ
食事をつくる、おいしく食べる、片づけをする……毎日の暮らしの基本はくり返しのなかにある。台所仕事に込められた密かな工夫や些細な贅沢など、四季折々の生活の細部を楽しげに軽やかに綴る実用的エッセイ。だしのとり方、塩加減、野菜の切り方から秘伝のレシピも収録。

青天白日　覚和歌子
祈りの効用、名前のシンクロニシティ、ご縁と呼ばれるめぐり合わせの妙……日々の生活のなかの、目に見えない、説明のつかないものたちとのつきあいを、不思議なユーモアをこめて綴るつれづれ語り。映画『千と千尋の神隠し』主題歌の作詞を手がけた著者、待望の初エッセイ集。